Ecología para no ecologistas

José Luis Gallego

Ecología para no ecologistas

Ideas y pequeños gestos cotidianos que contribuirán a mejorar nuestra relación con el planeta

Ariel

1.ª edición: abril de 2009

ISBN 978-84-344-8799-4

Depósito legal: M. 7.953 - 2009

Impreso en España por
Artes Gráficas Huertas, S. A.
Camino Viejo de Getafe, 60
28946 - Fuenlabrada (Madrid)

¡Ay!, que lo que yo soy siga existiendo.

Pablo Neruda
Residencia en la Tierra

Para Ana Belén, la mitad de mí.
Para nuestros hijos Pablo y Lucía, que me completan.

Y para mi hermano Joaquín Araujo,
a quien adeudo cuanto escribo.

Introducción

Ser ecologista no es un coñazo. Ni mucho menos

Existe un conjunto de pequeñas acciones, individuales, fáciles de llevar a cabo y cotidianas, que pueden conducirnos a todos, a nosotros mismos y a quienes vienen detrás, a vivir mejor en un mundo mejor. En este libro vamos a echarle un vistazo a todo ello. La propuesta es que descubramos en qué consisten los principales problemas ambientales e intentemos darles respuesta desde el ámbito privado, individual. Sin demasiadas pretensiones pero con voluntad decidida de contribuir a cambiar las cosas. Un reto que, lejos de alterar nuestra calidad de vida, va a permitirnos mejorarla. La de todos. De una manera amena y divertida descubriremos cómo bajar un grado la calefacción o el aire acondicionado o poner un reductor de caudal en el grifo tiene mucha más importancia de la que jamás hubiéramos pensado, y que eso, además, no nos va a suponer ningún sacrificio personal. Al contrario, tiene doble premio: económico y ecológico. Se trata en definitiva de que seamos más conscientes de lo mucho que nos jugamos con el deterioro ambiental, de nuestra capacidad de remediarlo y de que una buena manera de contribuir a ello es que practicamos eso que se ha dado en llamar **ecología doméstica**.

¿Que le provoca un cierto espanto la palabra ecología? Pues llamémoslo por ejemplo mejora de la calidad de vida, ciudadanía responsable, o sencillamente: sentido común. Finalmente, todo ello hace referencia al mismo concepto: la puesta en práctica de pequeños gestos cotidianos y colectivos para **vivir mejor en un mundo mejor**.

Aunque si me lo permite el lector, antes de defenestrarla en la primera página, quisiera rescatar del contenedor de las palabras gastadas el término «ecología» porque no sólo me gusta y la considero útil, sino que además me parece del todo insustituible.

Una palabra maltratada

La palabra ecología ha sido objeto de maltrato desde su origen. Incluso es probable que no haya existido en la historia reciente de las palabras un término que, queriendo englobar un concepto tan sano, tan honesto y del todo humanista, se haya visto tan manipulado.

Insuflado de ideología hasta hacerlo reventar y rebozado de demagogia posmoderna, son demasiados los que aprovechan la nobleza del concepto en su significado original para hacer un uso perverso con el fin de significarse políticamente. Como si ser ecologista implicase forzosamente un posicionamiento determinado. Y no es así.

A lo largo de estos años he tenido ocasión de conocer a ecologistas de derechas e izquierdas, conservadores y progresistas, de todas las ideologías. Su ideario coincidía en un aspecto fundamental: la necesidad de preservar el entorno y hacer un uso responsable de los recursos naturales. De actuar siempre a favor del medio ambiente y en contra del cambio climático sea cual sea el carácter de nuestras acciones.

Simplemente el mandato de existir

Porque si acudimos al Diccionario de la Lengua Española que edita la Real Academia y buscamos en sus páginas el significado de la palabra *ecología* anotaremos que en su tercera acepción aparece la siguiente definición: *3.f. Defensa y protección de la naturaleza y el medio ambiente.* Por eso resulta de sentido común que la definición del adjetivo *ecologista* sea: *1.adj. Que propugna la necesidad de proteger la naturaleza y el medio ambiente.* Y punto.

Apuntadas pues ambas definiciones y aceptado el carácter existencialista de la condición humana, convendremos en que ser ecologista no es una categoría social ni un posicionamiento ideológico, ni mucho menos una moda social. Reclamar para uno la condición de ecologista es simplemente querer resaltar algo inherente a nuestra condición humana. Porque es imposible ser y existir con una mínima dosis de razón sin ejercer el ecologismo en el día a día.

La primera misión del ser humano en este mundo, su primer mandamiento genético es existir. Y sólo después de cumplir con esa consigna, y en virtud del uso que hagamos de la razón, es cuando decidimos poner rumbo a nuestra existencia. Pero insisto: eso será después. Ante todo siempre estaremos sometidos al propósito biológico de seguir siendo.

Somos carpinteros o enfermeras, ministras o agricultores, futboleros o informáticos, somos lo que somos, pero mucho antes de ser eso que nos diferencia o nos identifica de los demás somos congéneres, es decir, miembros de una misma especie. La condición humana nos hace iguales en el afán común por respirar, comer, beber y desarrollarnos en el mejor entorno posible. Y para conseguirlo debemos procurarnos un medio ambiente agradable, en el que tengamos asegurado el acceso al agua potable, que nos permita disfrutar de un aire limpio, una comida sana, unos paisajes bien conservados y unas fuentes de energía limpias y seguras.

Podemos ser lo que queramos, pero estaría bien que por lo menos una vez al día ejerciéramos como ecologistas, en el mejor sentido de la palabra, y le echásemos una mano al planeta para, insisto, continuar siendo lo que queramos. Después de todo eso es lo que hacen básicamente el resto de los dos millones de especies animales con las que compartimos inquilinato. Ser ecologista es algo razonable. Nos permite ser mejores individuos y avanzar hacia un desarrollo de nuestra sociedad más equilibrado y seguro.

La capacidad de rectificar

En ese sentido, saquear la despensa, tanto del mar como del campo, e intentar sustituir su contenido original con productos sintéticos no ha sido un acto demasiado inteligente. No a la hora de acometer esos objetivos comunes que plantea el ecologismo de a pie (del resto de objetivos no vamos a tratar en este libro). Ni tampoco lo es insistir en esquilmar los recursos energéticos que nos han traído hasta aquí, cuyas reservas muestran evidentes síntomas de agotamiento por sobreexplotación y abuso.

Y éstas son tan sólo un par de muestras de la sinrazón con la que venimos actuando en nuestra relación con el planeta. Dos ejemplos de los muchos y muy graves errores que venimos encadenando a la hora de proteger el medio ambiente que nos rodea, es decir, de autoprotegernos. Alterar el clima, ese mágico punto de equilibrio que conforma la atmósfera terrestre, insólita en el universo conocido, puede llegar a convertirse en el último error que cometamos como especie, nuestra postrera estupidez colectiva. Pero si algo caracteriza nuestra condición humana es la capacidad de rectificar desde el ejercicio de la razón. Y ahí interviene el ecologismo cotidiano. Ese que practica un sector cada vez más grande de esa infantería social que somos los ciudadanos. El ecologismo del día a día, silencioso y voluntario, la ecología doméstica.

Alcanzar una mayor eficiencia en el uso de la energía sin renunciar a ninguno de sus beneficios. Adquirir una nueva forma de relacionarnos con el agua basada en el ahorro. Reducir nuestros residuos y en todo caso practicar su recogida selectiva para poder reciclar sus materiales. Avanzar hacia una movilidad más sostenible y segura. Consumir de manera más responsable. Proteger y conservar nuestro patrimonio natural. Éstas son algunas de las claves para vivir mejor en un mundo mejor, ejerciendo nuestra singular capacidad de razonar.

Debemos recurrir urgentemente al sentido común y a la sensatez para poder seguir disfrutando de todo cuanto nos ha sido legado y para que pueda ser transmitido en el mejor estado de conservación posible a quienes tomen el relevo en esta agradable tarea de vivir en la Tierra. Sensatez y sentido común en la transmisión de la cultura y el uso de la técnica. Ésos son nuestros principales instrumentos evolutivos, los que nos han traído hasta aquí y deberían llevar a los que vengan a continuación más lejos. Pero si los problemas ambientales quedan sin resolver y siguen mostrando los actuales síntomas de agravamiento puede producirse un viaje de regreso, una involución.

A continuación siguen algunas propuestas para que eso no ocurra. Una serie de aproximaciones a los principales problemas ambientales que nos aquejan, en tono ameno y distendido, y un puñado de propuestas prácticas de acción, individual y voluntaria, para contribuir a mitigarlos. El resto dependerá del grado de implicación que queramos alcanzar. De si nos decidimos a ser algo más ecologistas, en el sentido más honesto y filantrópico del texto.

Prefacio

El medio ambiente y yo: una cuestión de hábitos

Suena el despertador, Jorge se levanta y enciende la luz casi antes de abrir los ojos. Afuera hace rato que es de día, pero es igual: es mucho más cómodo darle un manotazo al interruptor que subir la persiana.

Luego se dirige al baño y abre el grifo del agua caliente. Mientras espera que salga caldeada va a la cocina, abre la puerta del frigorífico y... caramba, ¡no recuerda lo que iba a coger! Mientras duda sobre el motivo que le ha llevado a abrir la nevera decide dirigirse a otro rincón de la cocina para encender la vitrocerámica (la nevera sigue abierta, la ducha también).

Gira el mando de la encimera y espera a que se ponga rojo el vidrio. Mientras tanto abre el armario para coger una taza de desayuno. La llena a medias de leche, la mete en el microondas y gira el reloj sin mirar el tiempo marcado exactamente (hasta ahora están abiertos la luz del cuarto, la puerta de la nevera, el grifo de la ducha, la vitrocerámica y el microondas).

En pleno ejercicio de acciones inconclusas Jorge recibe una llamada y decide ir al salón para atenderla. Cinco minutos de conversación. Cuelga. Enciende la tele del salón y lo abandona al recordar todo lo que estaba haciendo sin tan siquiera echar un vistazo a la pantalla, que seguirá transmitiendo imágenes al vacío.

Para cuando decide volver a la cocina el desastre es evidente. La leche se ha frito dentro del microondas y huele a quemado. Pone la cafetera sobre el rojo ardiente de la vitrocerámica. Se da cuenta de que se ha dejado la nevera abierta:

¡ah si, ya se acuerda!, coge la mantequilla y la mermelada y la cierra (el motor se ha vuelto a disparar hace rato). Regresa al baño y entre la espesa niebla creada por el vapor del teléfono de la ducha alcanza a meterse dentro girando de inmediato el grifo hacia el color azul porque ahora lo que pasa es que el agua sale hirviendo.

Al regresar a la cocina, después de la ducha, no llega a tiempo de evitar que la cafetera se vuelva a salir. Mientras se seca el pelo con un secador eléctrico decide que será mejor ir a desayunar a la cafetería.

Se viste y sale de la habitación para no volver hasta la noche (la luz se queda encendida porque ya ha levantado la persiana, el sol inunda el interior y no se percibe la luz de la lámpara). Antes de salir de casa echa el pijama y la ropa interior a la lavadora vacía y tan sólo con ese nivel de carga la pone en marcha. Apaga desde el mando a distancia la tele que no ha visto, coge la bolsa de la basura (una sola, él no separa) y sale del piso.

La luz de la habitación se ha quedado encendida para el resto del día. También se ha dejado la tele, el vídeo, el equipo de música y la consola de videojuegos en posición *standby*, es decir, apagados, pero no, o sea, desde el mando, con lo que seguirán consumiendo un 10 % de energía el resto del día.

Aunque vive en una primera planta y es un hombre joven llama al ascensor. Baja directamente al aparcamiento, coge el coche y sale. Recorre 50 metros y se detiene en doble fila para comprar el diario en el quiosco. Vuelve a subirse no sin antes discutir con la fila de coches que se han tenido que esperar para pasar. Llega al centro. Inicia las vueltas en busca de aparcamiento: una, otra, otra más. Se desespera al volante.

Jaime es vecino de Jorge. Se levanta, sube la persiana y entra la luz de afuera. Se ducha al instante. Piensa lo que necesita y entonces abre la nevera, lo coge y la cierra (10 segundos: no se ha disparado el motor porque no ha escapado ni una frigoría). Se exprime una naranja en un exprimidor manual, se prepara un café y se calienta la leche en el fogón del gas.

Desayuna mientras hojea una revista y escucha la radio. Sale a la terraza y entra la bolsa de envases (amarilla) y la de vidrio (verde) para bajarlas a los contenedores de la calle. La taza, el cazo y la cucharilla acaban de llenar el lavavajillas de ayer. Coloca una pequeña pastilla de jabón y lo pone en marcha con el programa económico, de ese modo ahorrará mucha más agua que si los lavara a mano. Aunque vive en un tercero baja andando a la calle, un poco de ejercicio ayuda a despertar el organismo. Echa las bolsas al contenedor y sube andando tranquilamente tres travesías para llegar a la estación de metro, donde ha quedado con su chica. Aprovecha y de camino compra el diario y charla de fútbol con el quiosquero.

Tras saludar a su pareja llegan al metro y se suben para ir tranquilamente al centro. Llegan al destino y salen al exterior. Hace un día radiante. Al disponerse a cruzar por un semáforo de peatones que se acaba de poner en verde se les echa encima un coche que casi les atropella, el conductor esta histérico, toca el claxon y les hace aspavientos desde el interior. Es Jorge, que está desesperado porque hoy el tráfico en el centro está de nuevo fatal y su chica hace media hora que le espera en la otra esquina. Tardará un cuarto de hora más en encontrar aparcamiento.

La suma del consumo energético y de agua más las emisiones de gases invernadero que ha realizado Jorge en tan sólo un par de horas, equivalen al doble de las que realizarán Jaime y su novia a lo largo de todo el día. La huella ecológica, es decir, el total de recursos naturales que emplea Jorge en su quehacer diario es diez veces superior a la de Jaime.

Si tenemos en cuenta que las diferencias de uso de la energía en el hogar entre Jorge y Jaime pueden ser de hasta dos kilovatios/hora (kW/h), teniendo en cuenta que por cada kW/h de electricidad ahorrado dejamos de emitir aproximadamente 800 gramos de CO_2, y si a esa partida unimos la del uso del vehículo privado en lugar del transporte público (2,5 kg de CO_2 por cada litro de carburante consumido) llegaremos a la conclusión de que Jorge emite a lo largo del día hasta 50 kilos más de CO_2 que Jaime.

Eso supone que si en cada hogar español (sobre un censo aproximado de 20 millones de viviendas)[1] pusiéramos un Jaime y restáramos un Jorge las posibilidades de ahorro en las emisiones de CO_2 con el llamado «Kioto doméstico» serían de aproximadamente un millón de toneladas diarias.

1. Datos del Instituto Nacional de Estadística (INE).

Estas cifras anularían en buena parte la cuota de ahorro exigida al sector eléctrico y los cinco sectores industriales sometidos a la directiva comunitaria de control de emisiones, es decir, las que nuestras empresas deben observar para cumplir con las asignaciones establecidas por el Protocolo de Kioto en el período de compromiso comprendido entre el año 2008 y 2012.

Recordemos que la organización ecologista Greenpeace planteó al Gobierno español la necesidad de alcanzar una reducción del consumo de energía de nuestro país de un 3 % anual y que esa propuesta incluye, por supuesto, el capítulo doméstico, el referente al consumo de energía en el hogar, que en España supone un 16 % del total, poca broma.

Así pues, sin voluntad de recargar sobre el lector la responsabilidad de las tareas a favor del medio ambiente y en contra el cambio climático, lo cierto es que, si hablamos de futuro planetario, la distancia que separa la incertidumbre de la esperanza es la misma que la separa a los dos protagonistas de nuestra historia. Cuanto más nos alejemos del modelo que representa Jorge y nos aproximemos a los valores que definen a Jaime, mucho mejor para todos y para aquellos que vienen detrás de nosotros.

Posibilidades de ahorrar energía en casa:

- Tapar las ollas y ajustar el tamaño de la llama a su base: hasta un 50 %
- Cocinar con olla a presión: 50 %
- Descongelar regularmente la nevera: 30 %
- Toma de agua caliente/fría (bitérmica) para lavadora y lavavajillas: 75 %
- Usar un programa de la lavadora en frío: 90 %
- Usar bombillas de bajo consumo: 80 %
- Bajar un grado el termostato de la calefacción: 10 %

Eficiencia energética

Apagar, bajar, reducir: aprovechar mejor la energía

Aplicado al uso de la energía, el término eficiencia es sinónimo de modernidad, de seguridad, de garantía y confianza. Porque al promover un consumo más responsable de la energía nadie está planteando que debamos renunciar a ninguno de los servicios que nos presta sino todo lo contrario. La eficacia es la mayor garantía de continuidad, el único camino que podemos emprender para seguir disfrutando de un acceso seguro, estable y constante a la energía: es decir, a la calidad de vida. Eficacia equivale a consumo sostenible, y ambos conceptos son los que nos abren las puertas del futuro.

Así pues, es pertinente reforzar este concepto base: ser eficiente en el uso de la energía no consiste en renunciar a ninguno de sus usos, sino en consumirla mejor para seguir accediendo a todos ellos.

Durante estos últimos años hemos venido manteniendo una relación con la energía demasiado frívola y exclusivamente mercantil. Yo gasto más de lo que utilizo porque me lo puedo permitir –dicen muchos– y además como pago poco es una cuestión que no me preocupa demasiado –acaban afirmando–. Bien, ya tenemos identificada buena parte del problema.

Para acabar de aproximar el problema al ámbito más personal le propongo una sencilla reflexión. Intente calcular cuánto dinero paga al mes de teléfono móvil. Bien. Ahora eche cuentas y piense en el dinero que le cuesta llenar hasta arriba el depósito de su coche. Bravo. Parece que en ambos casos tiene una idea bastante aproximada de los costes reales. Sin embargo, ¿y de luz? ¿Sabe cuánto paga al mes o cada dos meses de electricidad? ¿Y de gas? ¿Tampoco se atrevería a dar una cifra aproximada de a cuánto asciende la factura de su hogar?

Más sencillo aún: ¿sabe si en su hogar se está consumiendo más o menos energía que el año pasado?

A la mayoría de los lectores les costará calcular esos costes. Sin embargo, se trata de mucho dinero al año, un buen bocado a nuestra economía doméstica al que no obstante parecemos no darle demasiada importancia. Sorprendente, ¿no le parece? Aunque no se preocupe. A la mayoría de los españoles nos sucede lo mismo.

Durante demasiado tiempo el coste de la energía no ha actuado como elemento disuasorio para evitar el derroche. En estos últimos tiempos y a raíz de la crisis económica y el encarecimiento de las tarifas se ha producido una cierta contención en el consumo, pero los datos sobre el malgasto energético siguen situándonos a la cola de Europa en términos de eficiencia energética. Gastamos más de lo que en verdad usamos y además no nos planteamos ponerle remedio.

El índice elaborado con los hábitos de consumo en el hogar revelaba que las familias españolas apenas obtienen un nivel medio de eficiencia energética de 6,5 puntos sobre un total de 10 y que nuestras viviendas derrochan en torno al 10 % de la energía que consumen. Si consiguiéramos recuperar todo ese volumen de energía dispendiada podríamos iluminar todos los estadios de fútbol de Primera División durante 400 temporadas. Lo que traducido al ámbito individual de cada hogar supone poner la lavadora 500 veces a plena carga o disponer de un frigorífico en funcionamiento durante año y medio.

No importa el sector que analicemos: desde el industrial hasta el doméstico o el del transporte, antes que consumidores somos derrochadores de energía. Y ése es un lujo que ya no nos podemos permitir, entre otras cosas porque cada vez nos va a salir más caro. En ese sentido resultan especialmente reveladoras las palabras del doctor Ramón Folch, impulsor de las tesis del desarrollo sostenible en nuestro país, al señalar que «la primera fuente energética para el futuro inmediato es, simplemente, el consumo razonado de la ya disponible».

Eficiencia para la sostenibilidad, pero también para ganar en competitividad. El índice de Intensidad de Energía Primaria en España, es decir, la cantidad de energía que consumimos para alcanzar nuestros niveles de PIB (Producto Interior

Bruto) está entre los peores de la UE. En el período 1991-2004, y según fuentes del Gobierno español, ese índice alcanzó en España el 0,24 %, muy por encima de la media en la UE, que fue del 0,19 %.

¿Qué nos dicen todos estos datos? Pues que para producir una misma unidad de PIB, España gasta mucha más energía que nuestros competidores y socios en la UE. La ineficiencia nos aboca al despilfarro y nos resta desarrollo. Por todo ello, y además de reclamar el impulso decidido a las energías renovables en nuestro país, algunas organizaciones ecologistas como Greenpeace requieren la puesta en marcha de medidas de ahorro y eficiencia para alcanzar una reducción del consumo de energía en torno a un 3 % anual. Y no sólo por una cuestión relacionada con el medio ambiente, sino también (o acaso sobre todo) por razones de competitividad, de mercado.

Como a lo largo de todo el libro, en las próximas páginas vamos a hablar de ecología sí, pero también de economía. Ecología aplicada al ámbito doméstico para no ecologistas. Si no lo hace por el planeta hágalo por sus propios intereses. Porque si alguna cosa podemos afirmar con rotundidad en este apartado es que la energía barata se ha acabado y que malbaratarla nos va a salir cada vez más caro.

A partir de ahora el derroche energético se va a convertir en un lujo estúpido. Malbaratar los recursos energéticos, forzar su consumo hasta llegar al agotamiento es una estrategia errónea. Toca organizarnos mejor para razonar cada uso e intentar recortar el gasto en cada punto de consumo: desde la luz hasta la nevera; de la sartén a la calefacción o el aire acondicionado. A continuación identificaremos derroches y les pondremos remedio.

Uso razonado de la calefacción

No se trata de pasar frío, por supuesto que no, pero tampoco es razonable darse el capricho de ver la tele en nuestro salón-comedor y en calza corta mientras afuera está helando. Esos excesos tienen un alto coste por partida doble. En primer término (que antepongo expresamente en este libro dirigido a no ecologistas), un coste económico nada despreciable. Algunos expertos sitúan por encima de los 500 euros anuales el precio del despilfarro doméstico para una vivienda media con un equipamiento estándar y una familia de cuatro miembros. Insisto: 500 euros. Como para pensárselo, ¿no le parece?

Pero también es imprescindible valorar el impacto que ese derroche genera en el medio ambiente y muy especialmente en la situación de calentamiento global que vive el planeta. Y es que en la actualidad, la entrada en funcionamiento de los diferentes sistemas de calefacción con los que están dotados los edificios en España genera unas emisiones de CO_2 a la atmósfera superior a los 31 millones de toneladas anuales, lo que convierte a este equipamiento, junto al uso del vehículo privado, en uno de los principales focos de emisión de gases contaminantes y con efecto invernadero en las grandes ciudades.

Y la paradoja de este problema ecológico, perfectamente serio, está en que parte de un derroche absurdo y fácilmente eludible. Algo tan simple como echarse encima una chaquetita cómoda, ese jersey al que le tenemos tanto aprecio y que sólo usamos para estar por casa y nuestras queridas zapatillas. Tal vez le parezca absurdo pero bajar el termostato y hacer uso de esas prendas es también luchar contra el cambio climático.

Los expertos en climatización del hogar sitúan el nivel de temperatura ideal en invierno entre los 19 y 21 grados, y nos recuerdan que por cada grado que subimos el termostato a partir de esos niveles podemos llegar a aumentar el consumo de energía en torno a un 10 %, además de acortar la vida de la caldera.

Por la noche basta con mantener una temperatura en torno a los 18 grados, por lo que, salvo en zonas muy frías, se debe apagar la calefacción ya que es suficiente el calor acumulado de la vivienda a lo largo del día. De igual modo, si el hogar va a estar vacío durante más de ocho horas, se hace recomendable incorporar un termostato programable, que permite fijar la temperatura adecuada cuando regresamos a casa en lugar de mantener toda la vivienda caldeada mientras está vacía. El mejor lugar para ubicar el termostato es el salón/comedor.

Uno de los procedimientos de calefacción más generalizados en nuestro país es el de circuito de agua, mediante el cual ésta se calienta en una caldera y se distribuye posteriormente por una red de tuberías hasta los radiadores. En este caso es muy importante mantener limpia y en buen estado la caldera, sometiéndola a un mantenimiento adecuado realizado por expertos, así como no bloquear la parte frontal de los radiadores con muebles o cortinas. Los radiadores, no lo olvidemos, deben ser sangrados periódicamente, abriendo las espoletas laterales para que dejen escapar las bolsas de aire que pueden llegar a inutilizar parte del sistema sin reducir el gasto. Y respecto a los radiadores, un consejo práctio: si se coloca un material reflectante (por ejemplo, papel de aluminio) detrás de los radiadores, especialmente en aquellos instalados en paredes exteriores, el calor incidirá de manera directa hacia el interior de la habitación.

Pero tan importante como hacer un buen uso de la calefacción, es mantener el aislamiento del hogar mediante la instalación de burletes adhesivos en las juntas de las ventanas y perfiles bajeros en las puertas, sin olvidar que el doble acristalamiento de las ventanas puede ayudarnos a reducir un 20 % las fugas de calor.

A modo de resumen podemos afirmar que cuando llega el invierno el calor es un tesoro. Un bien preciado que debemos producir de manera razonada, evitando los excesos malbaratadores e insanos, y sobre todo retener, evitando las fugas. En ese sentido le propongo un último consejo. Pase con mucha precaución una vela encendida frente a las juntas de las ventanas y las puertas que dan al exterior: si cimbrea, tenemos un problema; si se apaga, está usted calentando más el planeta que su propio hogar, además de perder dinero a manta. Póngale remedio.

Refrigeración sana y responsable

El uso de aparatos de aire acondicionado ha experimentado un considerable crecimiento en los últimos años, hasta llegar a convertirse en un electrodoméstico habitual en muchos hogares españoles. Se trata, no cabe duda, de un equipamiento cuya utilización seguirá avanzando a medida que el aumento de temperaturas derivado del calentamiento global vaya en aumento. Sin embargo, un uso imprudente de este instrumento puede disparar el consumo de energía de nuestra vivienda debido al elevado aporte que exige su funcionamiento. Además, una utilización abusiva o indebida del aire acondicionado puede suponer un serio riesgo para nuestra salud.

Por todo ello, antes de instalar un aparato de aire acondicionado es recomendable atender a las posibilidades de refrigeración natural que reúne nuestro hogar. No se trata de negar la utilidad de estos aparatos, ni mucho menos, sino de prospectar las alternativas que nos ofrece la puesta en marcha de algunos consejos muy conocidos a la vez que prácticos.

Me refiero a medidas tan sencillas como cerrar cortinas y persianas durante las horas de más calor o colocar plantas en el alféizar de las ventanas, en la terraza y el balcón provocando corrientes de aire al atardecer y a primera hora de la mañana, que contribuirán de manera decidida a refrescar los ambientes de la vivienda.

Instalar toldos y parasoles que eviten las radiaciones solares directas en ventanas y puertas nos permitirá de igual modo reducir la condensación de calor provocada por la irradiación solar.

También es aconsejable apagar las luces y los aparatos eléctricos que no se utilizan ya que, además de malgastar energía, son una fuente generadora de calor que a menudo pasa inadvertida.

En todo caso, una acción previa a la instalación de cualquier aparato de climatización es aislar correctamente las habitaciones de forma que conserven el frescor durante las horas centrales del día. Las cortinas o persianas laminares de interior (tipo *gradolux*) pueden ayudarnos a ello, así como la sustitución de los revestimientos artificiales elaborados con productos como el PVC, que retienen el calor durante largo tiempo, por otro tipo de materiales como la madera o incluso el aluminio.

Esta serie de medidas aplicadas al hogar se pueden complementar con otras, más individualizadas y de carácter personal, que tienen que ver con nuestra indumentaria y el tipo de alimentación que nos aconsejan seguir en verano las autoridades sanitarias, medidas todas ellas de sobras conocidas y que resultarán mucho más sencillas de aplicar que ponernos en manos de un instalador e iniciar unas obras en casa.

Se trata de opciones naturales y ecológicas a la hora de vestir, como elegir prendas ligeras confeccionadas con tejidos frescos y que favorezcan la transpiración, como el lino o el algodón, sustituir el consumo de refrescos con gas y azúcares añadidos o el de bebidas alcohólicas por el de agua fresca, seguir una dieta equilibrada, basada en ensaladas, frutas (el líquido refrigerante de ese otro motor que es nuestro organismo), carnes y pescados a la plancha y, especialmente, no eludir el contacto con el exterior.

Este aspecto es especialmente interesante a la hora de acomodarnos al paso de las estaciones. Y es que no debemos olvidar que, aunque a un nivel mucho más limitado que el del resto de seres vivos, nuestro organismo también está preparado para adaptarse al calor, aunque para ello debemos permitirle que desarrolle su propia capacidad de adaptación. Si vivimos en una «burbuja climatizada» estaremos sometiendo a nuestro propio organismo a una atmósfera artificial que reducirá notablemente dicha facultad.

Por otra parte, las sensaciones de asfixia y sopor obedecen en la mayoría de los casos a los choques térmicos que causan las climatizaciones artificiales. Aunque es recomendable eludir las temperaturas extremas, hay que aceptar que el paso de las estaciones ejerce una importante estimulación corporal y la acción del calor y la del frío pueden ser incluso beneficiosas (en sentido moderado, claro está) para nuestro organismo.

En este apartado, el de la adaptación progresiva, cabe recordar que según los especialistas en salud las diferencias superiores a los 12 °C respecto a la temperatura exterior no son en absoluto recomendables para un ambiente casero y que incluso pueden dar origen a resfriados y molestias respiratorias de leves a moderadas que pueden derivar en casos muy graves. Poca broma con el abuso de la climatización artificial.

Los expertos indican que una temperatura interior de 23/25 °C es suficiente para la obtención de un nivel razonable de confortabilidad durante los meses de verano y que esta franja de temperatura ambiente se puede conseguir por métodos naturales. Asimismo, los médicos alertan de que la entrada y salida de los lugares fuertemente refrigerados puede alterar seriamente los mecanismos de termorregulación de nuestro organismo, imposibilitando la respuesta adaptada y provocando todo tipo de disfunciones corporales.

No obstante, y si pese a lo perjudicial que puede resultar para la salud o al elevado coste energético de su uso, decidimos instalar un equipo de aire acondicionado, deberemos consultar a un servicio técnico para que analice convenientemente las necesidades de refrigeración de la vivienda, teniendo en cuenta la zona climática habitada, los metros cuadrados de superficie, la orientación de las paredes y el número de personas que ocupan cada estancia.

Es importante que el equipo de aire acondicionado tenga una etiqueta energética de clase A o superior y que incorpore un termostato que regule la temperatura y racionalice el consumo y que deberemos situar lejos de las fuentes de calor (electrodomésticos, lámparas, ventanas exteriores, galerías, etcétera). Y respecto a su uso, en la mayoría de ocasiones bastará con usar el aparato como ventilador intercambiando el aire de dentro con el de fuera para producir un descenso de temperatura de entre 3 y 5 °C con un consumo eléctrico mínimo.

No se trata de renunciar al uso de los sistemas de aire acondicionado para hacer frente a las altas temperaturas, a las actuales y las que pronostican los expertos en climatología. Lo que es necesario en cualquier caso es hacer un uso mucho más razonado, y de nuevo no sólo por cuestiones de eficiencia energética, sino por prevenir las afecciones para la salud, que pueden ser perfectamente serias y nos pueden enviar de vacaciones a una cama de hospital.

Iluminación eficiente y duradera

A la hora de elegir el tipo de bombillas que empleamos en el hogar conviene tener en cuenta que alrededor del 80 % de la energía que consumen las incandescentes (es decir, las tradicionales) se traduce en calor y no en luz. Exactamente lo contrario que las lámparas de bajo consumo, que traducen el 80 % de la electricidad en luminosidad y sólo un 20 % en calor. Pero es que, además, como no se calientan tanto duran hasta diez veces más.

Por todo ello una de las apuestas más claras y cómodas que podemos hacer desde casa para favorecer el medio ambiente y luchar contra el cambio climático, ahorrando energía y emisiones, es iluminar los diferentes espacios (interiores y exteriores) con lámparas de bajo consumo.

Este tipo de bombillas han evolucionado mucho en los últimos años y hoy en día encontramos en el mercado numerosas marcas y modelos que se adaptan perfectamente a cualquier reflector. Además, a medida que el consumo se ha ido acrecentando su precio se ha visto notablemente reducido, y aunque es cierto que siguen siendo más caras que las tradicionales también lo es que a la larga salen a cuenta.

Un aspecto importante a tener en cuenta es la retirada periódica de la capa de polvo que se acumula en las bombillas, ya que acaba reduciendo su eficacia al perder transparencia. Por eso, y para mejorar su rendimiento y luminosidad conviene desenroscarlas una vez al año y lavarlas con agua y jabón dejándolas al sol durante el tiempo necesario hasta que estén perfectamente secas antes de volver a colocarlas.

Respecto a los fluorescentes, pese a ser cierto que consumen menos energía que las bombillas incandescentes, hay que tener en cuenta que la principal demanda de energía se da en el momento en que pulsamos el interruptor, antes incluso de que lleguen a encenderse, por lo que no se deben situar en las zonas de tránsito constante (como recibidores y pasillos) o en los dormitorios y el resto de estancias donde sea necesario encender y apagar la luz frecuentemente.

Según los expertos en eficiencia energética, y al contrario que en el caso de las bombillas, es recomendable dejarlos encendidos si nos vamos a ausentar por un período de tiempo de hasta un cuarto de hora. Su principal utilidad se da en garajes, cocinas o galerías interiores, ya que el encendido y apagado constante acorta la vida de los cebadores.

Por último, y si de lo que se trata es de iluminar un espacio que visitamos por breves intervalos de tiempo, como unos lavabos o un vestidor, resulta muy útil instalar un detector de presencia. Estos simples mecanismos activan el encendido de la luz en cuanto entramos en el espacio, apagándose unos segundos después de habernos ausentado. De ese modo se evita el malgasto debido al descuido en apagar el interruptor. Debido a ello son cada vez más habituales en los lavabos de algunos restaurantes y los probadores de las tiendas de ropa. En estos lugares el recorte de la factura de la luz puede llegar a más de la mitad.

Cómo ahorrar agua y energía con la lavadora

A la hora de hacer un uso eficiente de la lavadora es importante saber que este electrodoméstico consume prácticamente la misma cantidad de agua y electricidad si trabaja lleno o semivacío, por lo que es del todo aconsejable que, siempre que nos sea posible, la utilicemos a plena capacidad.

¿Que tan sólo somos dos en casa o incluso vivimos solos? En ese caso antes de escogerla debemos tener en cuenta los modelos de uso individual, como la *Clean Cube*, una pequeñísima lavadora con forma de cubo, pensada para pisos de estudiantes y que cabe perfectamente en la más pequeña habitación, que incorpora un sencillo sistema de secado y que además consume sólo cien voltios.

Y es que la elección del modelo es determinante a la hora de calcular el consumo energético de una lavadora, por lo que además de elegir la capacidad adecuada es necesario leer atentamente lo que nos indica la etiqueta energética.

En el caso de las lavadoras, un modelo con una categoría de clase A o superior puede ahorrar hasta un 70 % de agua y un 40 % de energía respecto a una categoría inferior.

Los modelos eficientes incorporan programas de lavado *económicos* o de *media carga* que evitan el derroche cuando la lavadora no está llena, pero si bien gastan menos que un lavado completo, dos coladas de media carga consumen siempre más electricidad y agua que una sola con la lavadora llena. Por otra parte, el funcionamiento de las lavadoras se basa en que la ropa se frote a sí misma cuando gira el bombo, de manera que a menos ropa, menos rozamiento, y por lo tanto, menos eficacia del lavado.

Otro aspecto importante para la utilización ecológica de las lavadoras es saber que el 90 % de la energía eléctrica que se gasta en la colada se consume en el calentamiento del agua y sólo el 10 % restante para la movilización del motor que acciona el tambor.

Por ello es aconsejable usar siempre la temperatura de lavado más baja posible: un programa a 90 °C gasta cuatro veces más electricidad que a 40 °C, además de consumir más agua. Si se añade que la temperatura con la que mejor funcionan las enzimas de los detergentes es inferior a 30 °C se concluye que es más eficaz y ecológico lavar con agua tibia (unos 30 °C) y enjuagar con fría.

En los últimos tiempos estamos asistiendo a una auténtica revolución tecnológica en el sector de los electrodomésticos de línea blanca (que incluye a las lavadoras) con marcas que compiten por poner en el mercado máquinas cada vez más eficientes, que gastan cada vez menos agua y funcionan con un consumo energético más bajo. Éste es el caso de Siemens, que acaba de lanzar su gama de lavadoras Siwamat de ocho kilos de capacidad clasificadas con categoría «A ++», cuya utilización representa un 20 % de ahorro energértico respecto a cualquier otro modelo de clase A.

Otra de las últimas novedades al respecto la ha presentado el fabricante coreano LG, con una nueva línea de lavadoras que utilizan vapor de agua en el lavado gracias a la tecnología *Steam Direct Drive*, lo que reduce un 20 % el consumo de energía y hasta un 30 % el de agua. Según este fabricante, en una vivienda donde se generen hasta dos lavados a la semana a plena carga (caben cinco kilos de ropa por lavado) el consumo de la lavadora durante todo un año sería el equivalente al de una bombilla tradicional de 60 W encendida durante un mes.

Hay que recordar que LG ya ostentaba el récord de eficiencia en el lavado de ropa gracias a su modelo de carga superior equipado con el revolucionario sistema Turbo Drum DD con conexión bitérmica, es decir, con una toma para el agua caliente y otra para el agua fría, como el grifo de la ducha. Una ingeniosa solución que permite que, en caso de ser necesario hacer uso de un programa de lavado con agua caliente, ésta se obtenga a partir de la caldera de gas natural o incluso de unas placas solares. Gracias a ello el consumo de la lavadora apenas supera los 0,1 kWh por lavado contra 1 kWh que es lo que gasta un modelo clase A.

Las bondades ambientales de este modelo de lavadora le han valido su recomendación por parte de algunas entidades ecologistas, como la Fundación Tierra (www.terra.org), dedicada a promover la ecología doméstica y la participación ciudadana en la mejora del entorno.

En cualquier caso, y más allá de los avances tecnológicos para favorecer el ahorro, el uso que le demos a la máquina resultará definitorio a la hora de establecer su nivel de eficiencia. Y como ya hemos indicado, la mejor opción es utilizarlas a plena carga. Y si necesitamos poner una lavadora a medias por la causa que sea conviene hacer uso de los programas «eco» (por económicos y ecológicos) o de media carga. Tanto unos como otros evitan derroches cuando la lavadora no está llena.

La ecobola: lavar sin detergente

Con independencia del tipo de lavadora que utilice, debe saber que existe un producto ecológico en el mercado que permite lavar la ropa sin usar ningún tipo de detergente: la ecobola. Se trata de una bola de plástico, del tamaño de una pelota de tenis, que se introduce dentro del tambor de lavado, junto a la ropa sucia, y realiza la colada sin necesidad de usar detergente. Lo que hay dentro de la bola son unas perlas como de cerámica que, gracias a su carga iónica, rompen la molécula del agua y liberan al oxígeno para que éste actúe como un potente limpiador. El resultado es una ropa limpia, esponjosa y sin olor.

La ecobola dura 4 años; tan sólo es necesario exponerla una vez al sol al mes y en 2009 tiene un coste de 39 euros en tiendas de productos ecológicos.

¿Lavavajillas? Por supuesto, pero que sea eficiente

Como estamos aprendiendo en este capítulo, el uso de los electrodomésticos genera buena parte del consumo de agua y electricidad en el hogar. Sin embargo, la aplicación de los últimos avances tecnológicos en su diseño y funcionamiento permite un considerable ahorro de recursos. Éste es el caso de los lavavajillas que encontramos actualmente en el mercado.

Y es que, al contrario de lo que muchos consumidores suelen opinar, la correcta utilización del lavavajillas hace de éste un electrodoméstico ecológico. Sí, sí, ecológico porque reduce el consumo de agua y energía hasta seis veces respecto al tradicional lavado a mano bajo el grifo de la cocina. Asimismo, el lavavajillas consume menos cantidad de detergente por lavado, lo que permite una importante reducción en el vertido de residuos por el desagüe. Todo son ventajas.

Respecto al consumo de agua, y siendo éste un aspecto determinante a la hora de catalogar el lavavajillas en términos de ecoeficiencia, según algunos informes realizados en la UE, un aparato de clase «A» o superior puede realizar un lavado completo con un consumo igual o menor a 15 litros de agua, mientras que el lavado a mano de las mismas piezas requeriría el empleo de 118 litros (según un reciente estudio de la Universidad de Bonn dirigido por el profesor de ingeniería Rainer Stamminger).

De la misma forma, los modelos más avanzados incorporan un sistema de sensores que permiten detectar el grado de suciedad de la vajilla y ajustar automáticamente el caudal de lavado, lo que reduciría aún más el consumo de agua.

En referencia al consumo eléctrico, los modelos de alta eficacia (A+ y A++) permiten seleccionar la temperatura del agua en función de las necesidades de lavado, así como el uso de programas económicos que, mediante la eliminación de distintas fases, logran excelentes resultados a temperaturas más bajas, aportando un notable ahorro de energía.

También encontramos modelos que son capaces de acumular el calor que se genera en el período de lavado para reaprovecharlo durante los de aclarado y secado. Estos aspectos son especialmente destacables si tenemos en cuenta que el 90 % del consumo de energía en el lavavajillas se emplea para calentar el agua, mientras que el motor emplea tan sólo un 10 %.

Por último, cabe reseñar la mayor seguridad del lavado automático en la eliminación de las sustancias patógenas adheridas a la cubertería y la vajilla, ya que el sistema de lavado que se da dentro de la cubeta del lavavajillas permite una incuestionable mejora de resultados respecto al clásico fregado a mano.

En el caso de los lavavajillas, la etiqueta energética informa específicamente sobre el consumo de agua del aparato, así como sobre otros parámetros relativos a la calidad y prestaciones del electrodoméstico tales como la capacidad de carga, el nivel de ruido (algo muy de agradecer si aspiramos a vivir en armonía con la vecindad), la eficacia desincrustante de lavado, el tiempo de secado o centrifugado y otras características más.

Y para acabar, insistir en el hecho de que, en este caso, como en el resto de los electrodomésticos del hogar, optar por un modelo de clase A o superior supone una ayuda directa al medio ambiente y un ahorro para nuestro bolsillo, ya que el desembolso inicial se amortiza hasta en menos de un año.

La etiqueta energética: electrodomésticos más limpios y económicos

Su lavadora ¿es de las que tiene una tendencia creciente a irse de casa ella sola cada vez que centrifuga? Y su lavavajillas ¿suena como un B52 en vuelo rasante cuando inicia el programa de secado? Respecto al frigorífico, ¿es de los que empiezan a gruñir al poco de cerrar la puerta? Todos esos síntomas dan testimonio de la necesidad de renovar los electrodomésticos, aunque en lugar de ello, en la mayoría de los casos preferimos seguir tirando que realizar el importante desembolso que supone comprar uno nuevo. Sin embargo, ¿está seguro de que no le saldría más a cuenta sustituir el viejo por un modelo nuevo de clase A? Si todavía no se ha familiarizado con este tipo de categoría, es posible que descubra a continuación una nueva manera de ahorrarle dinero a su bolsillo y emisiones contaminantes al planeta.

Las etiquetas energéticas están presentes de manera obligatoria en todos los frigoríficos y congeladores, lavadoras, lavavajillas, hornos eléctricos, bombillas, aparatos de aire acondicionado y otros electrodomésticos del hogar que hay en el mercado. Sus especificaciones informan al consumidor sobre la cantidad de energía que consume el modelo en cuestión respecto a la media de su segmento. Y para ello establece siete niveles de eficiencia que identifica con las siete primeras letras del abecedario, adjudicando la A al aparato más eficiente y la G al más derrochador.

Además de la letra que lo identifica, en la etiqueta de eficiencia energética encontraremos unas barras de colores que abarcan una escala descendente, marcada además con una gama de colores que van del verde al rojo, que también le ayudará a identificar la clase energética del modelo: desde la franja verde y más larga para el más eficiente, hasta la de color rojo y más corta para el que más consume.

Asimismo, la etiqueta también nos informa sobre el consumo de agua del aparato, en el caso de las lavadoras y los lavavajillas, así como de otros parámetros relativos a la calidad y prestaciones del electrodoméstico dependiendo del tipo de aparato y sus prestaciones en el hogar, tales como el nivel de frigorías cuando se trata de una nevera, la capacidad de carga en el caso de un congelador, el ruido o la eficacia de lavado, la luminosidad que genera, la potencia de secado o centrifugado, y muchas otras.

Atendiendo a esta información los consumidores podemos establecer un cálculo sobre el coste real del modelo con independencia de su valor de compra. Es decir, lo que al final de la vida de la máquina nos habrá costado realmente además de lo que paguemos al adquirirla. Así, una lavadora de clase A o superior puede amortizar su diferencia de coste con una de clase G en tan sólo un año, pasando a ganar dinero (incluso mucho dinero) a partir de ese momento si elegimos bien.

En cualquier caso escoger electrodomésticos de clase A o superior (actualmente ya hay modelos en el mercado etiquetados con clase A+ y A++) supone, además de un ahorro para el consumidor, una ayuda directa al medio ambiente y en la lucha contra el cambio climático, ya que nos ayudarán a reducir de manera notable las emisiones de gases invernaderos.

Para ayudarnos a escoger bien, el Instituto para la Diversificación y el Ahorro de Energía, el IDAE, publica y mantiene actualizada una base de datos con más de 6.000 electrodomésticos comercializados en el mercado español en la que podemos cotejar prestaciones y consumos de un solo vistazo. Además, es de consulta gratuita; para ello sólo hay que visitar su página web (www.idae.es), algo que me permito recomendarles.

Apagar sin seguir gastando energía

Uno de los derroches energéticos más comunes en el hogar es el que generan los aparatos eléctricos y electrónicos cuando los apagamos a medias, es decir, dejándolos en el modo *standby* o en espera. Nos referimos a esas lucecitas que se quedan encendidas en el televisor, el equipo de música o el ordenador cuando los apagamos desde el mando a distancia.

Según la Agencia Europea de la Energía, ese gasto oculto provocado por el *standby* supone entre un 5 y un 10 % del total de la electricidad que consumimos anualmente en nuestros hogares. Si tomamos como ejemplo una televisión moderna o una videoconsola de juegos ese gasto equivale al 12 % de la electricidad que consume el aparato mientras vemos un programa o echamos una partida.

Debido a ello, y con el propósito de atajar un derroche tan importante como absurdo, a partir de 2009 la potencia máxima de consumo de este modo ya es de como máximo tres vatios (hasta ahora podía alcanzar los 50 vatios), un recorte que todos los fabricantes que quieran comercializar sus productos en el mercado comunitario deberán reducir a sólo un vatio en 2010.

En España, y según un estudio realizado por el Instituto para la Diversificación y Ahorro de la Energía (IDAE), el gasto oculto de los aparatos eléctricos y electrónicos que siguen funcionando en modo *standby* mientras sus usuarios creen haberlos apagado supera los 2,5 millones de MW/h al año, lo que equivale al 1,5 % del consumo eléctrico total español. Si fuésemos capaces de reducir ese porcentaje habríamos dado un paso de gigante para reducir las emisiones de CO_2 asociadas al consumo eléctrico y cumplir con el Protocolo de Kioto. ¿No creen que vale la pena el esfuerzo?

Tabla de consumos y emisiones del modo standby
según el tipo de aparato

Aparato	*Consumo (W/h)*	*Consumo día*	*Emisiones CO_2 K/año*
Cadena de música	15,7	376	**62,4**
DVD	15	345	**57,2**
Vídeo	12	276	**45,7**
Placa vitrocerámica	13,2	303	**50,3**
Decodificador/TDT	11	231	**38,3**
Teléfono inalámbrico	8,7	208	**34,6**
Monitor del ordenador	6,9	138	**22,9**
Módem externo	7,1	142	**23,5**
Televisión	6,4	121	**20,2**
Contestador de teléfono	4,6	110	**18,3**
Cargador de móvil	5,1	10	**1,7**

Fuente: Instituto para la Diversificación y Ahorro de la Energía (IDAE).

Respecto a la incidencia en nuestros bolsillos el mismo estudio establece que en el caso de una familia de cuatro personas que vivan en un piso de 90 metros cuadrados con un equipamiento de electrodomésticos estándar, el consumo generado por los diferentes aparatos en *standby* puede alcanzar los 1,5 kW/h, es decir, 570 kilovatios anuales por esta causa, lo que supone un gasto de 60 euros al año. Una vez más ecología y economía vuelven a ir de la mano. Lo que es bueno para nuestro bolsillo es bueno para el planeta.

En el caso de los cargadores de telefonía móvil, que mucha gente deja enchufados porque les da pereza desconectarlos, ese consumo puede equivaler al 20 % de la demanda que genera mientras tenemos el terminal conectado y, además, de ese modo acortamos a la mitad la vida del cargador.

Para evitarlo el consejo práctico consiste en apagar los aparatos desde el interruptor en lugar de desde el mando a distancia o desenchufar el cargador del móvil cuando la batería esté llena. También podemos enchufar los aparatos en una clavija múltiple, uno de esos enchufes con 3, 6 o hasta una docena de tomas que vienen equipados con interruptor y permiten apagar desde allí todos los aparatos conectados a la vez. Un pequeño sacrificio, el de agacharse a apagar el interruptor, que sin embargo nos ayudará a ahorrar mucha energía y reducir nuestras emisiones de CO_2.

Uso racional de la nevera

Probablemente le habrá ocurrido en alguna ocasión: se dirige con paso raudo hacia la cocina, decidido a lo que va a hacer, y en ese momento le suena el teléfono. Atiende la llamada mientras abre la nevera y se distrae conversando con su interlocutor. La nevera se ha quedado abierta. Si es un aparato moderno es posible que vaya equipado con una alarma que empezará a sonar al cabo de medio minuto. En caso contrario la nevera se puede quedar abierta mientras dure la conversación telefónica y hasta que regrese a la cocina y se dé cuenta de su error. Si es así la charla le habrá salido muy cara, a usted y al planeta.

Según los expertos en consumo y eficiencia energética, a partir de los 10 segundos de permanecer abierta la nevera empieza a perder frío interior y se activa el mecanismo que vuelve a poner en marcha su motor para suministrar nuevas frigorías con las que compensar la pérdida. Diez segundos. Tal vez le parezca poco tiempo. Haga la prueba. Mire el segundero de su reloj. En teoría ya sabemos lo que vamos a buscar, no se trata de escoger una camisa, un perfume o unos zapatos. Vamos a poner algo a refrescar o a sacar algo de su interior que previamente hemos decidido escoger. Ya está: abrir, poner o sacar y cerrar. Ése es el uso eficiente y racional de este importante electrodoméstico.

Importante porque más del 20 % del consumo energético de nuestros electrodomésticos se lo merienda ella sola. Además, es uno de los que lo va a hacer durante más tiempo, primero porque su vida media en España supera con mucho los cinco años (dependiendo del modelo, claro está) y segundo porque durante toda su vida útil va a permanecer en activo.

¿Cuántas veces ha desenchufado la nevera desde que la adquirió?

Otra cuestión a tener en cuenta para avanzar hacia un uso más eficaz de este electrodoméstico es el orden. Dentro del frigorífico cada espacio mantiene su temperatura óptima. Si ponemos los diferentes tipos de alimentos en el lugar señalado por el fabricante el aire circulará correctamente y el frío se repartirá según el diseño de fabricación. Y es que la correcta ubicación de los alimentos en la nevera no sólo ayuda a aprovechar mejor el espacio interior y localizar antes cada producto, sino que puede servirnos para darle un buen pellizco a la factura eléctrica.

Así, los alimentos frescos como las carnes y el pescado, que pueden liberar jugos internos, deben conservarse siempre en recipientes de cierre hermético. De este modo aseguraremos su correcta conservación y evitaremos la transmisión de olores y sabores al resto de productos. En este sentido hay que recordar que los recipientes de formas cuadradas son más fáciles de ubicar y distribuir.

Por el contrario, la costumbre de amontonar los alimentos sin orden ni concierto en las bandejas del frigorífico crea barreras en su interior provocando que el aire no circule correctamente por los diferentes espacios y los alimentos en contacto (especialmente frutas y verduras) inicien procesos de descomposición que pueden transmitirse unos a otros.

De igual modo no hay que apoyar los alimentos contra el fondo de la nevera ya que se humedecen o se congelan, multiplican la demanda e impiden la expansión del frío y el correcto funcionamiento del aparato. Asimismo, no es recomendable introducir alimentos calientes en el interior (aunque tengamos prisa y el café con leche esté hirviendo), ya que alteraríamos el ambiente en su interior, desestabilizando el ciclo de conservación de los alimentos y obligando al aparato a multiplicar su consumo.

Respecto a las temperaturas, aunque lo aconsejable es seguir las instrucciones del fabricante, como norma general los alimentos se conservan perfectamente a una temperatura entre 3 y 5 °C. Por cada grado que bajemos la temperatura a partir de ahí el consumo se incrementa en un 7 %. En cuanto al congelador, es preciso descongelarlo periódicamente, ya que a medida que se va acumulando la escarcha consume más de lo que rinde. Es mucho mejor descongelar los alimentos pasándolos del congelador a la nevera la noche anterior, ya que de esta manera aprovechamos el frío, integrándolo en la cadena del frigorífico para beneficio del motor, y la cadena del congelado se rompe más suavemente, ahorrándonos además el microondas.

Es importante tener en cuenta la ubicación del aparato en la cocina. No lo situaremos cerca de las fuentes de calor como el horno y la caldera o a pleno sol. De igual modo, y en la medida que nos sea posible claro está, la distancia a la pared no puede ser inferior a cinco centímetros. Y es que poca broma: una nevera bien ventilada por detrás puede ahorrar hasta un 15 % de electricidad y durar mucho más tiempo.

Y si la desconectamos al irnos de vacaciones, una vez de regreso y antes de volver a enchufarla, es prudente lavar el interior con una solución de agua y vinagre y cepillar el armazón trasero para eliminar el polvo acumulado.

¿Vitrocerámica o fogones?

No cabe duda. Desde un punto de vista estrictamente ambiental (que es el que propone este libro) la mejor energía tradicional que podemos utilizar para cocinar los alimentos es el gas natural.

Según los expertos esta fuente de energía permite un ahorro en el consumo energético del 30 % respecto a la electricidad y muestra un perfil ambiental mucho más favorable que si ésta proviene de una central nuclear (el 65 % de la electricidad que consumimos en España tiene ese origen).

Además, el rendimiento calórico de una cocina a gas natural supera con mucho al de una encimera eléctrica o a una vitrocerámica, pues los tradicionales fogones consumen una cuarta parte de la energía que demanda esta última, ofreciendo según la mayoría de los cocineros mayores prestaciones durante la cocción de los alimentos, ya que pueden jugar con un simple giro de muñeca con una gama de temperaturas notablemente más variada (de 0 a 800 grados en un palmo de distancia).

En todo caso el propósito de este capítulo no es negar las virtudes de la encimera vitrocerámica, que las tiene y muchas, sino promover un uso más eficiente de la misma mediante una serie de consejos prácticos.

En primer lugar, a la hora de hacer uso de esta tecnología de cocción es imprescindible que la batería de cocina sea metálica (preferiblemente de acero inoxidable), de fondo completamente plano y con un diámetro de la base igual o superior al del fogón que vamos a emplear, de lo contrario estaríamos derrochando todo el esfuerzo energético que genera éste para calentarse.

Asimismo, es necesario tapar las sartenes y cacerolas mientras dure el tiempo de cocción (a no ser que el resultado que buscamos indique lo contrario), pues de esa manera conseguiremos aprovechar los propios vapores que se generan en su interior. Este simple gesto puede ayudarnos a conseguir entre un 30 y un 60 % de ahorro energético. Una vez alcanzado el punto de ebullición podemos empezar a reducir la temperatura de la encimera, pues a partir de ese momento la demanda de calor se reduce notablemente.

A este respecto hay que recordar que la famosa olla a presión se ha llevado varios premios al diseño ecológico por favorecer no sólo una cocción más sana y natural, sino un ahorro de energía de hasta un 50 %, por lo que si dispone de ella es aconsejable usarla más a menudo.

De igual manera hay que tener en cuenta que la tecnología de las placas vitrocerámicas hace que la encimera mantenga la temperatura durante varios minutos después de ser apagadas. Calcule el tiempo necesario y apáguela hasta cinco minutos antes: conseguirá los mismos resultados a coste cero.

Por último, recuerde que los modelos de vitrocerámica que funcionan por inducción pueden reducir el consumo de energía hasta la mitad.

La ducha eficiente

Unas veces el aullido responde a que nos acabamos de abrasar y otras a que el agua sale helada. En cualquier caso parece claro que mantener el termo del agua caliente en la temperatura de confort exacta cuando nos disponemos a tomar una ducha es todo un arte. Pero es que además puede representar un notable ahorro de energía.

Este electrodoméstico es uno de los equipamientos del hogar que permanece durante más horas conectado a la red de gas o de electricidad, ya que abastece a los diferentes grifos de la casa de agua caliente sanitaria durante todo el año, por lo que tanto su correcto mantenimiento como un uso adecuado nos van a permitir avanzar más que en muchos otros casos hacia la eficiencia.

Respecto a la fuente de energía más adecuada, y como apuntábamos en el capítulo anterior, parece demostrado que el gas natural no sólo es mucho más económico sino que además, al tener un perfil de emisiones contaminantes relativamente bajo (sobre todo si lo comparamos con las otras dos fósiles: el petróleo y el carbón), es también más ecológico.

En todo caso, a la hora de escoger el modelo es importante ajustar la capacidad del termo al número de inquilinos que habitan la casa, pues de ese modo optimizaremos su funcionamiento. También es aconsejable situarlo (en la medida de lo posible) cerca de los principales puntos de consumo.

Por norma general una temperatura adecuada del agua se sitúa entre los 45 y los 50 grados, más que suficiente para abastecer los grifos y duchas de la vivienda asegurando un uso confortable. A partir de ahí, forzar el termo para sobrecalentar el agua hasta los 60, 70 grados o más puede generar un aumento del consumo del 40 %.

Así pues, si el agua de la ducha sale demasiado caliente deberemos regular el termo, ya que forzar su funcionamiento para luego tener que mezclarla con agua fría significa un gasto inútil. Además, por encima de la temperatura adecuada la corrosión se acelera y acorta considerablemente la vida útil del aparato. En este sentido es recomendable instalar una válvula termostática, que mezcla el agua caliente y la fría en el propio termo, lo que permite alcanzar un ahorro de hasta el 20 % de energía.

Otro sistema que puede favorecer el ahorro es la instalación de un temporizador que conecte el termo una hora antes de levantarnos y lo desconecte un par de horas después, cuando ya hemos salido de casa, para volver a activarlo al regresar. Algunos modelos lo llevan incorporado. Respecto a la pregunta del millón, parece que sí: lo más aconsejable es desenchufar el termo si vamos a ausentarnos durante más de tres días.

Agua

Gestionando la escasez

De todas las crisis ambientales que atenazan el futuro de nuestra sociedad, la del agua es sin lugar a dudas la que puede llegar a generar mayor angustia. Uno alcanza a imaginarse como podría llegar a ser la vida en un planeta más cálido y por lo tanto menos confortable, con una mayor dificultad para disponer de la energía o rodeados por un entorno natural menos acogedor. Pero a nadie se le pasa por la cabeza la posibilidad de vivir en un mundo en el que el acceso seguro al agua potable no estuviera garantizado. Entre otras cosas porque la vida es, sin la compañía del agua, sencillamente inimaginable.

La Organización Mundial de la Salud (OMS) establece en dos litros la ingesta diaria de agua para el correcto funcionamiento de nuestro organismo. Ésa sería la dosis que todos necesitamos para vivir: el agua para la vida. De esa cantidad se derivarían el resto de usos que hoy en día consideramos indispensables. Los que tienen que ver con el correcto mantenimiento de la higiene, la cocción de los alimentos y el conjunto de consumos quc nos aportan la salud y el confort que hoy en día consideramos elementales en nuestra sociedad.

Atendiendo a esos usos básicos, el Programa de la ONU para el Medio Ambiente (PNUMA) estableció hace unos años una cantidad mínima para cubrir nuestras necesidades primordiales: 50 litros de agua por persona y día. Ésa sería la dosis que nos aportaría además el bienestar. A partir de este dato empiezan a aflorar los desequilibrios que van resquebrajando el mundo en dos mitades en función del acceso a este recurso vital.

Porque ocurre que mientras las personas que viven en los países más pobres disponen de no más de 10 litros de agua diaria por persona para satisfacer sus necesidades básicas, los habitantes de los países más desarrollados emplean como media más de 250 litros por persona y día (550 en Los Ángeles, 400 en Japón, 110 en Barcelona). España, con una media de consumo de 303 litros diarios por habitante (datos del INE en 2005, los últimos) se situaría en el pelotón de cabeza entre los países con mayor derroche.

Y luego estaría el agua del campo. Aproximadamente un 75 % de los recursos hídricos del planeta se destinan actualmente al abastecimiento agrícola. La superficie planetaria dedicada a la agricultura de regadío se ha multiplicado por seis en los últimos cien años, lo que ha hecho posible que la productividad agrícola se haya triplicado. Pero el futuro todavía nos obligará a más: la FAO prevé que la producción agrícola deberá aumentar en un 45 % durante los próximos 40 años para abastecer de alimentos a la creciente población mundial (en 2030 seremos 9.000 millones de humanos) y ese crecimiento exigirá una mayor dotación de agua de riego a las nuevas tierras de cultivo.

Si eso es así, según la mayoría de expertos en los próximos veinte años la demanda de agua por parte de la agricultura se incrementará en más de 600.000 millones de metros cúbicos, o lo que es lo mismo, siete veces el caudal actual del río Nilo. Sin embargo, tanto la del Nilo como el resto de las cuencas del planeta transportan cada vez menos agua, pues los ríos se embalsan a cada paso y desaparecen del paisaje mucho antes de llegar a sus deltas. ¿Cuál es la solución?

Desde luego los pozos subterráneos no. Las reservas freáticas ya no dan para más. Casi un 20 % de la producción agrícola mundial depende ya de la extracción del agua que se acumula en los acuíferos del subsuelo, que están menguando en todo el mundo de manera alarmante. Por lo que la única viabilidad para garantizar la sostenibilidad del recurso es mejorar la eficiencia en su uso, o lo que es lo mismo: gestionar de una manera más responsable la demanda, de manera que el reto de los próximos años no va a ser alcanzar una mayor productividad agrícola por hectárea cultivada sino por litro empleado.

Optimizar el recurso: ésa será la clave si queremos conseguir que el agua alcance para todo: desde facilitarnos las funciones vitales hasta llenarnos la despensa. Y es que actualmente la falta de eficiencia en los sistemas de regadío y la extensión de cultivos inadaptados a las condiciones climáticas propias de la región donde se producen está provocando un derroche desmesurado. En la actualidad, la media global para conseguir una tonelada de cereal requiere el empleo de alrededor de 1.000 «toneladas» de agua. Algunos investigadores opinan que para esa misma producción de alimentos se podría reducir como una décima parte del recurso: mejorando los sistemas de riego, evitando las fugas y adaptando los cultivos para optimizar el rendimiento de la tierra.

Atajar los abusos y malos usos en el mundo desarrollado será otra de las misiones urgentes. Hablamos de esos millones de hectómetros cúbicos que se emplean a diario para regar la especulación inmobiliaria, para recalificar y recrear espejismos acuáticos donde el suelo y el clima dictan desierto. Pero en lugar de adentrarme en esas cifras del agua profanada, que además de ser las cifras del despilfarro suponen la mayor zancadilla al desarrollo sostenible de nuestra sociedad, me gustaría cerrar este capítulo regresando al punto de partida para hablar del acceso al agua como derecho humano.

Porque aunque esos dos litros a los que hacíamos referencia en un principio parezcan un apunte no contable, algo con lo que arrancamos ya desde la casilla de salida, lo cierto es que la inmensa mayoría de habitantes de este planeta parten diariamente desde un paso más atrás: desde un inseguro e inquietante «menos dos».

De los 6.500 millones de habitantes del planeta el 30 % no tiene agua potable y cerca de otro tercio no dispone de los servicios adecuados de saneamiento. Eso significa que más de la mitad de las personas que pueblan el mundo sufren por falta de agua para la vida y los servicios básicos. Los datos sobre mortalidad infantil asociados a este hecho son tremendos. Más de 4.000 niños mueren cada día por no tener un vaso de agua potable que llevarse a la boca. Por eso, antes de hablar del resto de las aguas, es preciso dejar bien claro que el acceso a sus niveles más elementales es algo que no nos iguala sino que sigue dividiendo al mundo entre privilegiados y desamparados.

Son muchos los líderes mundiales que, como Mario Soares, ex presidente de Portugal y presidente del Comité Internacional para el Convenio Mundial del Agua, reclaman que el derecho a este recurso vital sea entendido como un derecho fundamental de las personas. Para Soares, «una de las grandes batallas políticas y sociales de finales del siglo XIX fue el derecho universal al voto. En el siglo XXI, sin embargo, la gran batalla será el derecho de acceder al agua, que es en realidad el derecho a la vida, y ninguna razón –tecnológica, económica, financiera o política– debería ser invocada para impedir que se materialice este derecho fundamental e inalienable».

Tal vez deberíamos regresar a ese punto, recuperar el concepto de agua como fuente de vida y reiniciar el debate en torno a su nueva realidad en el mundo estableciendo como principio que el acceso al agua potable es un derecho universal y que lo prioritario, de ahora en adelante, será gestionar de manera responsable su escasez para que alcance para todos (que no para todo).

Grifos abiertos en un país seco

Los españoles hacemos un uso insostenible del agua. Ésa es la principal conclusión que establece el Informe del Agua 2008 elaborado por el reputado Observatorio de la Sostenibilidad en España. Según los expertos que han elaborado este estudio, España consume agua por encima de los recursos existentes en sus cuencas.

Actualmente los españoles ocupamos, con una media de consumo por habitante que ronda los 1.000 m^3 anuales, el tercer puesto en la lista mundial de mayores derrochadores de agua. Y cabe insistir en lo de derrochadores porque está demostrado que más de la mitad del agua que consumimos en España se acaba malbaratando en los diferentes usos. De ahí que para atender tanta demanda haya sido necesario embalsar cada vez mayor cantidad, por lo que también somos el tercer país del mundo con mayor número de infraestructuras hidráulicas, con más de 1.000 presas repartidas por el territorio nacional.

Sin embargo, pese a que en muchos pueda persistir la falsa idea de que a más embalses diseminados por nuestra geografía más agua disponible en las ciudades y los campos, la realidad es que eso no es así en absoluto, como lo demuestra el hecho de que la cantidad embalsada sea la misma hoy que en 1970. O sea, hemos ido construyendo más presas pero el agua que pueden acumular nuestras reservas es la misma. Y es que por mucho que intentemos retenerla una y otra vez lo cierto es que no hay más agua que la que corre.

Hoy sabemos que no podemos hacer frente a la sequía a base de cementar más cauces fluviales y levantar más presas. La vaca de los embalses no da para más. La lucha eficaz contra la escasez pasa por razonar los consumos urbanos e industriales y mejorar los sistemas de riego agrícola para hacerlos más eficientes.

Los ríos españoles proporcionarían de manera natural un volumen de agua cercano a los 10.000 hm^3 de agua al año. Sin embargo, durante el último medio siglo, a golpe de embalse y a costa de arrasar paisajes y paisanajes y de malbaratar los ecosistemas fluviales, hemos logrado aumentar la capacidad de reserva hasta los 47.000 hm^3/año. Una capacidad que curiosamente nunca ha llegado a colmarse, y que en los últimos tiempos muestra una clara tendencia a la baja, mientras que la demanda, que roza ya los 40.000 hm^3 anuales, no ha dejado de aumentar. Estamos pues al borde del colapso.

Una situación de riesgo que se hace mucho más evidente en períodos de sequía como el que venimos atravesando en los últimos años y que, si atendemos a la previsión de los expertos del IPCC (panel de expertos en cambio climático de la Organización de las Naciones Unidas), no va a hacer más que agravarse como consecuencia del cambio climático que sufre el planeta y que afecta muy especialmente al sur de Europa.

Con una reducción en las precipitaciones que en muchas comunidades supera ya el –20 % en esta década respecto a la anterior, la alarma sobre la reducción en la disponibilidad de agua en España empieza a ser perfectamente seria, sobre todo ahora que ha empezado a amenazar directamente el correcto abastecimiento de agua potable a la población de las ciudades y está provocando severos recortes en el suministro para el uso agrícola e industrial. Pero si la realidad actual es alarmante, aún son peores los augurios para el futuro.

Según el Informe sobre Escenarios Climáticos Regionalizados para España elaborado por el Instituto Nacional de Meteorología, la nubosidad general descenderá de manera notable en todas las comunidades españolas a lo largo del presente siglo, lo que provocará en algunos casos (como el de las comunidades del sur de la península y el litoral mediterráneo) una reducción de hasta el 80 % en el régimen de precipitaciones. Asimismo, el nivel de humedad bajará de forma considerable, especialmente en primavera y verano.

Este pronóstico coincide con el último informe elaborado por el IPCC y en el que se reseña una más que probable reducción de las precipitaciones en el sur de la Península Ibérica, un recorte que podría ser muy acentuado y que dibuja un escenario para finales de este mismo siglo en el que se podría producir un descenso de hasta la mitad en el caudal de buena parte de nuestros ríos ya de por sí exiguos, sobre todo en los de la cuenca mediterránea, algunos de los cuales podrían desaparecer en verano antes de llegar a su desembocadura, lo que provocará un importante déficit hídrico en las comunidades a las que han venido abasteciendo hasta ahora. De momento, y según el Observatorio de la Sostenibilidad en España, los ríos españoles ya han perdido un 5 % de su caudal en los últimos 20 años. Un decrecimiento que parece imparable. Es decir, o nos tomamos en serio lo del ahorro de agua, o estaremos condenando a nuestros nietos a la sed.

El ahorro en el hogar

Aun siendo cierto que el principal problema del agua en España no es ni mucho menos el consumo doméstico en el hogar, también lo es que si fuésemos capaces de contener y razonar la partida de hectómetros cúbicos destinada a abastecer las redes de distribución urbana, los ciudadanos pasaríamos a convertirnos en parte de la solución y seguiríamos dando un buen ejemplo de solidaridad ambiental al resto de sectores que participan en el reparto.

Y digo seguiríamos porque ante el descenso más que pronunciado de las precipitaciones y la consecuente amenaza a la disponibilidad de este recurso vital, la mayoría de los ciudadanos españoles venimos entendiendo desde hace años que es necesario ahorrar agua, hasta estabilizar el consumo doméstico en torno a los actuales 165 litros por habitante y día. Vamos pues por buen camino (hace tan sólo un par de décadas superábamos los 200 litros diarios), pero debemos perseverar y avanzar más rápido hacia la eficiencia.

Para conseguirlo es preciso repasar los diferentes usos en el hogar. Así, y según los informes de los expertos, el 50 % del agua doméstica se gasta en el baño, un 25 % se emplea en lavar los platos o utilizar la lavadora y un 20 % en otros usos como el riego o la piscina dependiendo del tipo de vivienda. En todo caso tan sólo un 5 % del agua destinada al abastecimiento de los domicilios es usada para beber y cocinar. Respecto a la red de distribución, la Asociación Internacional de Abastecimiento de Aguas ha denunciado que el mal estado general de las cañerías de nuestras grandes ciudades y su progresivo deterioro, supone la pérdida de hasta un 50 % del volumen de agua conducida a los hogares.

Así pues, ni somos los principales consumidores ni los máximos responsables de su malbaratamiento, aunque ello no significa que no sea importante revisar algunos de los hábitos en el consumo de agua que hemos ido adoptando a lo largo de los años para detectar las posibilidades de ahorro. No se trata de renunciar a ningún servicio. Ni mucho menos. Como en el caso de la eficiencia energética se trata de pequeños gestos individuales, acciones simples que aplicadas en nuestra vida diaria pueden reportar importantes beneficios para la comunidad. El consumo doméstico no es el capítulo más importante a la hora de afrontar el problema del agua en España, es cierto, pero nosotros, con el ahorro diario, podemos aportar buena parte de la solución.

Vamos a ir al baño, donde tenemos localizado la mayor parte del consumo, para empezar a localizar fugas remediables. Son muchos, por ejemplo, los que tienen por costumbre cepillarse los dientes con el grifo del lavamanos abierto. Error. Estamos desperdiciando hasta 15 litros por cepillado. Otros prefieren llenar la bañera para mantener su higiene (lo que supone un consumo de 300 litros de agua) en lugar de optar por una refrescante ducha de 5 minutos, que rondaría los 60 litros.

Otro ejemplo de malgasto de agua potable en el cuarto de baño es el volumen que destinamos al uso del inodoro. Según los cálculos del Ministerio de Medio Ambiente un hogar en el que viva una familia de cuatro personas consume al año más de 80.000 litros de agua potable haciendo uso de la cisterna. Aquí tenemos abierto un agujero muy grande.

Las cisternas del inodoro que incorporan las viviendas de nueva construcción poseen un sistema de doble descarga que permite vaciar entre 6 y 9 litros en función del uso que de él hagamos. También existen modelos que permiten parar la descarga a voluntad. Sea cual sea el sistema elegido, es urgente que todos los hogares de España mantengan sus inodoros equipados con este tipo de mecanismos. Y lo que sería aún mejor: alimentados del agua procedente de un depósito de aguas grises.

Los depósitos de aguas grises son ya un equipamiento habitual en la construcción de edificios ecológicos y bioclimáticos. Las aguas grises son las resultantes del fregado de útiles de cocina, de la lavadora, el lavavajillas o la ducha. Estas aguas residuales pueden conducirse a un pequeño depósito equipado con un filtro que, a su vez, alimente la cisterna del inodoro. Hay que recordar que el agua que empleamos al hacer uso del retrete es la misma que utilizamos para cocinar o beber; es decir, un agua que se ha sometido a costosos tratamientos en las plantas potabilizadoras para alcanzar las necesarias garantías de consumo, por lo que resulta un derroche absurdo, un lujo cada vez más inaudito usarla para el arrastre mecánico de nuestras deposiciones. Si sumáramos todos los litros de agua potable que dedicamos cada año a tan innoble como imprescindible necesidad obtendríamos una sorprendente cantidad de hectómetros cúbicos.

Pero también podemos utilizar el agua gris de la cocina para otros menesteres. Así, la que empleamos para lavar las frutas, hortalizas y verduras, por ejemplo, puede servirnos para regar las macetas del balcón, la terraza o el jardín. De ese modo, al lavar los vegetales que vamos a utilizar como alimento (hábito muy recomendable, por cierto), arrastramos algunos de sus nutrientes, que pasan al agua y son incorporados directamente por las plantas. Para facilitar este reaprovechamiento es recomendable utilizar un pequeño barreño que situaremos en el fregadero, bajo el grifo.

Según algunos expertos en jardinería el agua de hervir las legumbres es otro nutriente de primera calidad para las plantas del hogar. En este caso no sólo estamos aprovechando los aportes que se desprenden del lavado, sino los que pasan al agua durante el proceso de cocción y que, en ocasiones, aportarán tanto alimento a nuestras plantas como los propios garbanzos, guisantes o lentejas.

Asimismo, si tenemos un acuario y es preciso sustituir el agua que hay en su interior podemos utilizarla igualmente para regar las macetas, ya que su alto contenido en nutrientes les aportará un alimento natural y mucho más fácil de asimilar que el de los fertilizantes químicos. Pero también podemos aplicar algunos consejos domésticos de ahorro de agua que nos ayudarán además a mantener la salud de nuestras plantas.

Uno de los mejores alimentos que podemos ofrecerles es el agua de lluvia. Para recogerla basta situar un pequeño depósito en los bajantes del exterior. Actualmente existen diferentes modelos en el mercado que se adaptan tanto a pisos como a casas unifamiliares. La opción económica (aunque menos estética, todo hay que decirlo) consistiría en situar bajo las canalizaciones del tejado un cubo o un barreño.

También es conveniente colocar un plato hondo debajo de cada tiesto y regar en el plato en lugar de sobre la planta. Una opción de reciclaje para hacernos con un plato de tiesto casero es cortar el fondo de las garrafas de agua envasada a unos tres dedos de altura. Si los decoramos por fuera con pintura resistente pueden quedar muy divertidos.

En todo caso hay que tener muy en cuenta que según los expertos en jardinería la causa de muerte más común entre las plantas cultivadas en maceta es el exceso de riego y no la falta de agua.

Respecto al mantenimiento de los equipamientos, como por ejemplo las griferías, conviene saber que el goteo de un grifo, a tan sólo una gota por segundo, supone el despilfarro de hasta 40 litros de agua al día. No digamos ya si en lugar de una gota lo que perdemos es un «hililllo» constante. Ahí se nos están yendo muchos metros cúbicos al año.

Otra acción tan sencilla como altamente eficaz es la colocación de aireadores o espumadores en la boca de los grifos, lo que permite un ahorro de hasta la mitad del agua que consumimos en los grifos proporcionando un mejor servicio. Su mecanismo no puede ser más simple: se trata de enroscar una arandela que absorbe aire del exterior para incorporarlo al caudal de salida y convertirlo en agua burbujeante, lo que le otorga una mayor sensación de confort en la mayoría de servicios.

Y por último, mucho más efectivo que cualquier equipamiento ahorrador, y para aquellos que no quieran o no puedan realizar cambios en el equipamiento del hogar, el método más directo sería girar un cuarto de vuelta la llave de paso general. Así conseguiremos reducir los caudales en toda la vivienda, aunque deberemos consultar si ello no impide el correcto funcionamiento de algunos electrodomésticos como por ejemplo la caldera.

Hacia una agricultura más eficiente

Como señalábamos al principio de este capítulo, al echar una mirada sobre la situación actual del agua en España y en el mundo, un dato llama poderosamente la atención por la sinrazón que demuestra. Y es que mientras el ciclo hidrológico manifiesta en estos últimos años inequívocos síntomas de agotamiento en buena parte del planeta, la superficie mundial de regadíos no para de aumentar, superando ya los 250 millones de hectáreas. Un 20 % del área cultivada del planeta que rinde, sin embargo, el 35 % de la producción total de alimentos. Es decir, el regadío sustenta una parte muy importante de los alimentos que consumimos. Por lo tanto, si la crisis del agua avanza como los expertos coinciden en señalar, es decir, hacia un escenario de escasez, estamos condenándonos a padecer hambre además de sed.

En España los datos son aún más significativos, ya que el regadío, que ocupa tan sólo el 13 % del área cultivada de todo el país, alcanza un rendimiento equivalente al 60 % de nuestra producción agrícola. Tal vez en este contundente dato resida una de las claves para afrontar el problema del agua en España. No en vano el mantenimiento de los cultivos de regadío, muy importante para el desarrollo del sector agrícola de nuestro país, choca con su carácter derrochador debido a la alta ineficiencia de los sistemas utilizados, como el riego a manta.

Actualmente la demanda anual de agua para uso agrícola en España ronda los 25.000 Hm^3, una cantidad que ronda el 75 % del consumo total del país, por lo que parece claro que el ámbito agrícola es el que nos puede ofrecer mayores posibilidades de ahorro, sobre todo si tenemos en cuenta que según los expertos la mayoría de ese gigantesco caudal se pierde por deficiencias en los sistemas de regadío.

Un problema endémico, el del malgasto de agua en el campo español, cuya solución no pasa por plantear un remedio basado en el uso del cemento, es decir, construyendo más embalses, puesto que nuestro país ya es líder mundial en agua embalsada. Para conseguir avances en eficiencia va a ser necesaria una mejor gestión de la demanda, con la participación activa de las comunidades de regantes, auténticos protagonistas de la gestión del agua en España, y la implicación de los agricultores a la hora de imponerse un ahorro solidario.

También están llamados a protagonizar el debate los grupos de conservación de la naturaleza, profundos conocedores de la situación ambiental de nuestro territorio y que están realizando propuestas sensatas y coherentes para alcanzar un punto de equilibrio entre el imprescindible mantenimiento de los ecosistemas acuáticos y el desarrollo sostenible del sector agrícola.

Según los expertos en la gestión de los recursos hídricos, la mejora de los sistemas de canalización, la modernización de los cultivos y el acceso a las nuevas tecnologías destinadas a la optimización del riego, entre otras, son las pautas a seguir para lograr una reducción importante en el consumo de agua para uso agrícola. No en vano un reciente informe del Instituto Nacional de Estadística demuestra que cada año se pierden en España más de 850 Hm^3 de agua por el mal uso agrícola. Exactamente la misma cantidad de agua que se pretende conseguir cuando estén en funcionamiento todas las desaladoras previstas por el gobierno: sorprendente, ¿no le parece?

En ese sentido, uno de los últimos informes de la Oficina de Estadística de las Comunidades Europeas, Eurostat, sobre consumo dc agua y calidad de los recursos, revela que los países con mayor extracción de agua por habitante son, por este orden: España, Grecia, Italia y Portugal. Todos ellos superan los 10.000 m^3 de agua por habitante cuando la media europea se establece en los 7.000. Por eso la UE exige al Gobierno español la adopción de medidas concretas para mejorar los sistemas de regadío y contribuir de manera decidida a afrontar el problema del agua en nuestro país. Sin la concurrencia de los agricultores no habrá solución.

Y es que cualquier esfuerzo realizado al respecto superará con creces los resultados que se puedan obtener en otro tipo de usos (urbanos, industriales o domésticos), ya que el ahorro que se podría obtener en el campo no permite comparación con el que pueda aportar el esfuerzo ciudadano. Hay que dejar muy claro que un agricultor ineficiente es mucho más derrochador que un ciudadano manirroto con el grifo, aunque ambos están llamados de igual modo a ponerle remedio al despilfarro incorporando lo que se ha dado en llamar la nueva cultura del agua.

Otro punto que aliviaría la situación de escasez sería la erradicación de los monocultivos de carácter intensivo que exigen un rendimiento a la tierra que, en un escenario dominado por el cambio climático y la recurrencia de los períodos de sequía, está muy por encima de sus posibilidades ecológicas. Las plantaciones de especies exóticas exigen mayores recursos hídricos que las que se basan en variedades adaptadas al clima de la región.

Para concretar el problema bastan algunos datos: hace 10.000 años la población humana apenas superaba los 5 millones de habitantes y sin embargo se abastecía de cerca de 5.000 plantas comestibles, todas ellas autóctonas y por lo tanto perfectamente adaptadas a sus hábitats naturales. Hoy en día los cerca de 7.000 millones de personas que poblamos el planeta hemos reducido nuestro catálogo de plantas comestibles a apenas 150, la mayoría de regadío, que se explotan por igual en zonas del planeta con climas muy diferentes.

Y lo que amenaza con desecar las reservas hídricas en España es empecinarse en mantener ese tipo de cultivos exóticos en un país con el 40 % de su superficie avanzando a pasos agigantados hacia la desertización. Unos frutos jugosos y del todo apetecibles, con una fuerte demanda entre los nuevos consumidores, pero que exigen un elevado aporte de agua para riego en zonas que se encuentran ya muy castigadas por la sequía. Este auténtico despropósito agrícola está agotando los recursos del campo español y amenaza muy seriamente el abastecimiento urbano.

Así lo recoge uno de los últimos informes elaborado por los científicos y expertos ambientales que integran el Consejo Nacional del Agua, para quienes «desde un punto de vista que tenga en cuenta a las generaciones futuras parece absolutamente carente de sentido tensar la demanda de agua en un país tan seco. En este sentido no parece apropiado apostar por el regadío en un futuro incierto para la agricultura por la escasa seguridad que le proporciona el mercado global de productos agrícolas».

Por todo ello quisiera concluir este apartado del libro afirmando que agua para el campo sí, por supuesto, pero también medidas de ahorro y de racionalización de la política agraria para avanzar hacia una agricultura más eficiente y sostenible. Es imprescindible que nuestro sector agrario se adapte a las nuevas condiciones climáticas e hidrológicas del país, de lo contrario estamos condenados a sufrir escasez y a padecer restricciones.

La opción de las desaladoras

Convertir el agua de mar en agua potable acaso sea una de las metas que persigue el ser humano moderno desde hace más años. No en vano, si fuéramos capaces de resolver esa quimera el problema de la sed en el mundo estaría resuelto.

El agua para el consumo humano no puede tener más de 0,5 gramos de sal por litro, ni puede ser destilada, es decir, sin ninguna presencia de sales ni minerales. Dado que el agua del mar tiene una proporción de sal de 35 gramos por litro, sería necesario aplicar un sofisticado proceso de potabilización y acondicionamiento para reducir esa proporción hasta llegar a los 0,5 gramos por litro. Un proceso que hoy en día tiene nombre y apellido: plantas desalinizadoras.

Las plantas desalinizadoras o estaciones desaladoras son unas modernas instalaciones equipadas con la más alta tecnología que permiten realizar la quimera de abastecernos del agua del mar para calmar la sed o cultivar la tierra, al transformar en potable y lista para el consumo las aguas salobres, captadas de acuíferos salinizados o directamente del agua del mar.

Ahora bien, antes de seguir avanzando en el conocimiento de esta opción para hacer frente a la sequía, hay que dejar muy claro que para la mayoría de los expertos la desalación no es la solución ideal debido a su alto consumo energético. Pero también es cierto que en los últimos años los principales avances tecnológicos aplicados a las nuevas plantas desalinizadoras se han dirigido precisamente a reducir la demanda energética de los diferentes procesos. Y se están consiguiendo recortes importantes, hasta el punto de que ya se puede conseguir agua desalada a un coste de sesenta céntimos por metro cúbico cuando hace sólo una década superaba los tres euros, por lo que, si bien es indiscutible que el gasto energético es todavía demasiado alto, las desaladoras se presentan como una opción cada vez más respetuosa con el medio ambiente, sostenible e incluso económica que la opción de los trasvases.

La mayor parte de estas estaciones usan una moderna técnica de filtrado denominada de ósmosis inversa. Mucho más adelantada que el método por evaporación, el sistema de ósmosis inversa aprovecha un perfeccionado fenómeno físico-químico consistente en separar las sales en suspensión y el resto de compuestos presentes en el agua marina mediante su filtrado por alta presión a través de unas gruesas membranas de silicona. El agua que se obtiene al final de este proceso resulta tan químicamente pura que en lugar de ir directamente a los grifos de los consumidores debe ser inyectada a la red de abastecimiento para que se mezcle con la que circula por ésta, equilibrándose y mejorando las calidades organolépticas del agua potable.

Actualmente por cada litro de agua de mar que recibe tratamiento en una planta desalinizadora se obtienen 0,45 litros de agua potable. El resto (0,65 litros) es un subproducto denominado salmuera. Y es que contrariamente a lo que mucha gente cree, en el proceso de desalación del agua de mar no se obtiene sal. La salmuera es un producto residual en forma de agua sucia y no potable, altamente salina (con una concentración de sal que ronda los 70 gramos por litro) que se aboca generalmente al mar. Ello no significa que se añada más sal al agua marina, pues hay que dejar claro que se trata de la misma cantidad tomada en el proceso de potabilización.

Lo que sin embargo sí ocurre es que se devuelve en una proporción mucho más concentrada, por lo que debe ser vertida bajo un estricto control ambiental con el objetivo de no dañar los hábitats marinos y evitar un impacto negativo en el ecosistema. Para evitarlo este proceso se realiza mediante un difusor que mezcla previamente salmuera y agua de mar para reducir la alta concentración salina, como cuando disolvemos el azúcar en el fondo de la taza del café.

Entre las ventajas de las desalinizadoras cabe destacar el hecho de que garantizan el acceso al recurso de la población litoral, dada la alta disponibilidad de agua de mar en el entorno inmediato. Aunque este método se enfrenta a un serio inconveniente derivado de su elevado coste energético y el alto volumen de emisiones de CO_2, principal gas invernadero responsable del cambio climático, como consecuencia del importante consumo de energía.

De hecho, análisis realizados por el propio Ministerio de Medio Ambiente determinan que para lograr los 850 hectómetros cúbicos de desalación previstos por el gobierno para antes de 2010, el consumo de energía en España se incrementaría en 3.300 millones de kilovatios hora, lo que motivaría que las emisiones de CO_2 aumentasen más de un punto por encima de lo que nos obliga el Protocolo de Kioto. Para luchar contra este importante *handicap*, las desaladoras de última generación se están abasteciendo con energías renovables, como en el caso de la nueva desaladora del puerto de Ciutadella, en Menorca (Illes Balears) alimentada por una central solar fotovoltaica.

Pero existe una alternativa por prospectar que sigue esperando una oportunidad para demostrar sus sorprendentes aplicaciones. Se trata de las revolucionarias desaladoras reversibles ideadas por el escritor e inventor tinerfeño Alberto Vázquez Figueroa, que ya han demostrado su versatilidad en otros países y que sin embargo siguen sin gozar de la confianza del gobierno español.

En 1995 el polifacético y exitoso escritor canario, cuyas novelas me han deparado algunas de mis mejores tardes de lectura y que desde aquí les recomiendo, publicaba un libro revelador. Mitad novela, mitad tratado de ingeniería aplicada, *El agua prometida*, título de la novela, revelaba la existencia de un sistema de desalación ideado por el autor que prometía acabar con el problema de la escasez de agua potable en España a golpe de ingenio.

Se trataba (y se trata) de implantar en el territorio un sistema de desalación por presión hidrostática denominado «desaladora reversible». Dicho sistema consiste, a grandes rasgos, en elevar el agua de mar hasta lo alto de una montaña situada frente al litoral y dejarla caer desde su cima hasta el mar, para obtener allí abajo agua dulce a bajo coste gracias a un sistema de ósmosis inversa de escasa demanda energética.

Los detalles del sistema indican que la balsa de acumulación del agua de mar debe estar situada en una central eléctrica ubicada a unos 600 metros de altitud y lo más cerca posible de la costa, para devolverla al mar desde la cima a través de una canalización que alcance la mayor vertical posible. De ese modo llegaría hasta las membranas de ósmosis inversa, ubicadas en la estación desalinizadora a nivel del mar, con una potencia cinética mucho más alta que la presión que podría generar cualquier sistema mecánico, obteniendo agua dulce con un coste energético muchísimo más bajo que el de cualquier sistema de desalación empleado hasta la fecha.

Según Vázquez Figueroa, que ya ha convertido en realidad su proyecto de desalación reversible en diversos lugares del extranjero y pronto lo hará en Almería, en el litoral mediterráneo español existen más de una veintena de puntos geográficos donde el agua de mar se podría llevar hasta una cota superior a los seiscientos metros sin alejarse demasiado del punto de captación. Entre otros lugares estarían: Adra, Arráez, Águilas, Benidorm, Cullera, Garraf, Moncófar y Roses.

Una cosa parece quedar al margen de toda discusión: la desalación, tal y como se está llevando a cabo hoy en día, con una tecnología altamente malbaratadora de energía, no puede considerarse como una opción sostenible para solucionar el problema del agua en España. Por otro lado, la propuesta de Vázquez Figueroa cuenta con el respaldo de numerosos informes técnicos y se ha aplicado con éxito fuera de nuestras fronteras. La pregunta parece obvia: ¿a qué estaríamos esperando para aplicarla aquí?

Golf y sequía: un dilema sin resolver

El desarrollo de la industria del golf ha permitido un fuerte aumento del turismo asociado a este deporte en nuestro país. Con más de 300 campos repartidos por las diferentes comunidades, se calcula que el golf atrae a España casi un millón de visitantes al año, generando un negocio que ronda los dos mil quinientos millones de euros anuales. Hace tiempo que quedó claro que una hectárea de golf rinde mucho más que una de cultivo agrícola y que este tipo de instalaciones puede resultar una oportunidad de desarrollo económico.

Sin embargo, el problema surge cuando se analizan los costes ambientales de la instalación de los campos de golf y el impacto que genera el urbanismo asociado. Y es que, según las organizaciones ecologistas y de defensa del territorio, el golf se ha convertido en uno de los principales trampolines de la especulación urbanística en España, convirtiéndose en una traba al progreso sostenible y armónico del país.

Ecologistas en Acción situaba hace poco el consumo medio de agua para un campo de golf de 18 hoyos (50 hectáreas) en alrededor de 10.000 metros cúbicos por hectárea y año. Ello equivaldría al consumo anual de una ciudad de unos 150.000 habitantes. Algo que haría de este deporte una práctica insostenible en nuestro país, que estaría atravesando uno de los períodos de sequía más rigurosos de su historia. Un fenómeno que, según algunos expertos, lejos de ser un episodio puntual y periódico, podría pasar a ser característico como consecuencia directa del cambio climático que sufre el planeta.

Como venimos apuntando a lo largo de este capítulo, ante la crisis del recurso, la solución al problema del agua pasa por una mejor gestión de la demanda. Y ello requiere una adaptación y modernización de los actuales patrones que rigen la instalación de los campos de golf, empezando por cumplir con la normativa que obliga al consumo de agua procedente de depuradora. Asimismo, actualmente existen sistemas de optimización de riego que reducen a menos de una cuarta parte la demanda, ajustándose con mucho a lo que podríamos considerar como sostenible.

Otro aspecto a tener en cuenta sería el del impacto paisajístico y sobre los ecosistemas, respetando al máximo la vegetación del lugar, reduciendo la superficie de césped a los pasillos y el *green*, y evitando las grandes alfombras de hierba que sustituyen la biodiversidad natural por un puñado de gramíneas.

Todo ello es posible y se está poniendo en práctica ya en nuestro país. Uno de los mejores ejemplos es el campo de golf de Quijorna, en la Comunidad de Madrid (www.quijornagolf.com). Este nuevo concepto de campo huye de la imagen estereotipada de la gran superficie de moqueta aterciopelada, salpicada de arenas y estanques artificiales, para retomar la vieja idea de jugar en un espacio silvestre, lo que permite además la sensación de estar jugando en plena naturaleza. Las instalaciones del Golf Quijorna ocupan una antigua dehesa cultivada y los hoyos se sitúan al final de praderas naturales, segadas para la ocasión, que únicamente ceden su espacio al césped al llegar al *green*. Gracias a ello se ha conseguido reducir la necesidad de riego en un 90 %.

Otro esfuerzo a destacar es el que se ha llevado a cabo en el Golf Mosa Trajectum, en Murcia. Este club posee una gran planta de tratamiento de aguas residuales que abastece de riego al campo y las zonas ajardinadas mediante un sofisticado sistema de control para mantener los niveles mínimos de humedad que exige el campo, lo que ha permitido reducir el consumo un 70 %.

Pero una de las cuestiones más urgentes que debería afrontar el golf es la necesidad de disociar la instalación de los campos de la especulación urbanística. Según un estudio de Aymerich Golf Management (AGM, una de las principales empresas del sector), el 90 % de los campos de golf que se han construido en los últimos años en España son promovidos por compañías inmobiliarias (o por lo menos así venía siendo antes de la crisis).

Andalucía, que podría iniciar pronto una serie de reformas legislativas para regular el sector y evitar esta argucia inmobiliaria, mantiene actualmente 80 campos de golf en funcionamiento, a los que habría que añadir otros 200 proyectados para los próximos diez años. Murcia planea en torno a 50 nuevos campos y Madrid duplicará su número hasta llegar a los 60 en breve. Según algunos informes, los planes de construcción asociados a estas instalaciones superarían el millón de nuevas viviendas. Un número que la crisis podría reducir a menos de su mitad.

Y para cerrar este capítulo sobre el dilema que plantea el desarrollo de la industria del golf en un país con mucho sol, por supuesto, pero con poco agua, he querido añadir una opción que, si bien es rechazada por la mayoría de los practicantes de este deporte, no deja de ser una alternativa interesante. Se trata de los campos de césped artificial. La Generalitat Valenciana desarrolla una investigación para estudiar la viabilidad del césped artificial en los campos de golf en la que participan la Universidad Miguel Hernández de Elche, el Instituto de Biomecánica de Valencia y la empresa Eurogras. Dotado con un serio presupuesto, de más de 250.000 euros, el objetivo de este interesante proyecto de investigación es desarrollar una cubierta sintética para campos de golf que permita hacer frente a la falta de agua y reducir los costes de mantenimiento, aunque para que fuera realmente sostenible debería ser factible, por supuesto, sin afectar al entorno natural.

Y es que no se trata de atacar a un deporte, ni de negar las posibilidades de desarrollo de una industria que puede ser muy rentable para el sector turístico. De lo que hablamos es de anteponer el derecho común a gozar de un patrimonio natural tan rico como el nuestro, y de garantizarnos el derecho de acceso al agua. Por eso son muchos los que dicen «golf sí, pero no así».

Residuos

Reciclar para ayudar al planeta

El futuro ya no es lo que era, y no sólo por la crisis económica que nos atenaza actualmente. Quien creía que este modelo de desarrollo basado en la cultura del usar y tirar era inagotable debería atender también a los mensajes que nos envía el planeta. Nos lo dice con el cambio climático, con el agotamiento de los recursos naturales o con el colapso de los residuos. La vaca no da para más. Hasta aquí hemos llegado, o cambiamos de chip o esto se va a poner muy feo. En palabras del indispensable José Saramago, «estamos cruzando un límite, el del cambio climático, que cambiará el mundo y nos cambiará a nosotros. El tiempo del derroche ha llegado a su fin. Comienza el tiempo de la responsabilidad».

Una responsabilidad a la que nos podríamos sumar practicando la recogida selectiva de las basuras para promover el reciclado de sus materiales. Y es que si es cierto (que lo es) que cuando hablamos de ecología doméstica «los pequeños gestos son poderosos», créame, éste de recoger las basuras aparte y llevar cada fracción a su contenedor es un gesto poderosísimo.

Según los expertos, la gestión ordenada de los residuos domésticos, su correcta clasificación en el punto de origen, es decir, nuestro hogar, y el depósito selectivo de las diferentes fracciones (papel, vidrio, envases y materia orgánica) es una de las contribuciones más importantes que podemos hacer como ciudadanos en contra del cambio climático y a favor del medio ambiente.

Los datos son ciertamente espectaculares. El reciclaje de una sola botella de vidrio permite ahorrar la energía que consumiría una bombilla de 100 vatios encendida durante cuatro horas. En un contenedor verde caben unas tres mil botellas: eche cuentas.

Aún más. Con el reciclado de una tonelada de papel usado se logran salvar de la tala tres árboles maduros. Una tonelada es lo que recoge un contenedor azul lleno. Cada vez que vea uno en la calle imagine tres robles altos y frondosos en su lugar, seguro que recarga su conciencia ambiental. Seguimos. Con la recuperación de 80 latas de aluminio se elabora una llanta de bicicleta. Con 20 botellas de plástico un forro polar y con 50 briks una papelera urbana. Y así acabaríamos por llenar todas las páginas del libro.

Los fabricantes de estos productos han descubierto que es más rentable acudir a la subasta de reciclados para adquirir la materia prima que extraerla de la naturaleza. Eso sí, para que el ciclo funcione es preciso llenar el contenedor amarillo. Algo que está en nuestras manos. ¿La alternativa? Quemar todos esos materiales o amontonarlos en un vertedero hasta que la basura nos desborde. Insisto, ¿no cree que vale la pena reciclar?

Es probable que tras leer este capítulo dedicado a la gestión ambientalmente correcta de los residuos pueda pensar que en realidad, en este tema, lo que pasa es que gracias a nuestro esfuerzo se benefician otros. Pero no deberíamos llamarnos a equívoco en ese sentido.

Tener más energía a nuestra disposición, un entorno natural más sano o unas aguas menos contaminadas; poder ir cerrando basureros y evitar la construcción de nuevas incineradoras, forma parte de los beneficios derivados del reciclaje, del suyo, del mío, del de todos y eso no es poco. Además, el sencillo gesto de poner cada residuo en su sitio y depositarlos en su contenedor correspondiente le permite a uno tener la conciencia tranquila y pensar que, ante la que nos está cayendo con el tema del deterioro ambiental y el cambio climático, hemos pasado a formar parte de la solución. Por todo ello le invito directamente a que se anime y recicle: al poco tiempo verá que es mucho más cómodo y fácil de lo que se imagina. Aquí van algunas indicaciones al respecto.

Cada cosa a su sitio

Contenedor amarillo. Sólo pondremos los envases de plástico, las latas y los briks (botellas de suavizante, de agua, botes de champú, de colonia, bolsas de plástico, latas de refrescos, de conservas, briks de zumo, de leche...). No debemos depositar aquellos plásticos que no sean envases, como los CD, juguetes, perchas, cepillos, menaje del hogar, etc.

Contenedor azul. Envases de cartón (plegados), papel, periódicos y revistas. No debemos depositar briks, pañales, papeles y cartones muy sucios o mezclados con otros materiales.

Contenedor verde. Sólo tarros, frascos o botellas de vidrio. No debemos depositar los vasos de cristal, la cerámica y el pírex (recipientes para el horno transparentes) o los cristales rotos de las ventanas, entre otros objetos de cristal.

Contenedor marrón. Pondremos los restos de la materia orgánica procedente de los alimentos, flores marchitas, tapones de corcho y papel de cocina empapado en aceite, tomate o restos de comida. No pondremos pañales usados, deposiciones animales, productos de higiene íntima, materiales de cura, cabellos y uñas, entre otros.

Más producto y menos envoltorio

Pese a que la reducción y la gestión ambientalmente correcta de los residuos sigue siendo una de las asignaturas pendientes en nuestro lento camino hacia un desarrollo más limpio y sostenible, cabe reconocer que la participación ciudadana en la recogida selectiva de residuos aumenta día a día en España. Cada vez somos más los ciudadanos que optamos por contribuir a la mejora del medio ambiente separando las diferentes fracciones de la basura para depositarlas en su contenedor adecuado.

Es cierto que el mejor residuo es el que no se genera. Es verdad que el principal problema que plantea la gestión de los residuos urbanos es que están creciendo a un ritmo del 2 % anual. Pero la gente en nuestro país está reciclando cada vez más, y lo está haciendo bien y eso está contribuyendo de manera decisiva a evitar el temible infarto de los residuos, una situación que se producirá cuando los niveles de generación superen nuestra capacidad de gestión, algo a lo que nos puede conducir en breve el consumo desbocado.

Gracias a ese esfuerzo anónimo y constante, a ese ejercicio desinteresado de civismo ecológico, estamos recuperando el 60 % de los envases de vidrio que consumimos, el 40 % del papel usado y hasta el 13 % de los restos de materia orgánica. Así pues, los contenedores verde, azul y marrón (respectivamente) funcionan más que aceptablemente y mantienen un ritmo de recogida creciente.

Sin embargo, hay una gran familia de residuos domésticos cuyo reciclaje sigue sin avanzar: la de los envases y envoltorios que generamos en el hogar. Se trata de una fracción de la que tan sólo estamos recuperando alrededor del 20 % de la cantidad que distribuye el mercado, y en la que no se produce ningún avance significativo desde hace años a pesar de los esfuerzos que viene realizando Ecoembes, el sistema encargado de promover su recogida selectiva a través del depósito en contenedor amarillo.

La situación resulta especialmente grave si tenemos en cuenta que el volumen de envases y envoltorios es el que más crece, de tal manera que actualmente y en buena parte de España ya es la parte más importante, no ya en volumen, sino en peso (38 %) del total de nuestros desperdicios domésticos.

¿Y por qué no funciona la recogida selectiva de envases?, pues porque los ciudadanos, por mucho compromiso que hayamos adquirido, no damos abasto en el proceso de clasificación y vertido controlado de esta importante fracción. Quien participa en la tarea de reciclar los envases y envoltorios que se generan a diario en el hogar convendrá conmigo en que es inútil tratar de mantenerlos a raya. Por cada viaje al contenedor azul o verde haces 3 o 4 al amarillo. Los plásticos y las latas nos invaden, ése es el problema. Sobre todo cuando se aproximan fechas de gran consumo como las rebajas o las navidades.

Uno de los paradigmas del envoltorio superfluo es el perfume de alta cosmética. Resulta que lo que estás comprando son 25 ml de *eau de parfum*. Ese líquido que podríamos transportar en la palma de la mano viene sin embargo envasado en un frasco de fantasía que pesa hasta diez veces más. Va tapado con una cápsula de plástico tan grande como la botella y protegido en un cartón ondulado que se inserta en una cajetilla de cartulina gruesa a la que envuelve una película de plástico cerrada por un adhesivo de papel. Ya llevamos seis capas de diferentes materiales de envasado.

La señorita se lo lleva y antes de pagar pedimos que nos lo envuelva para regalo. Y es ahora cuando la orgía alcanza su punto álgido, pues lo más probable es que se le añada una capa de papel de celofán, varios trozos de cinta adhesiva, un lazo, un adhesivo del tipo *Felicidades* o *Espero que te guste*, y todo ello nos lo pongan en un rincón de una bolsa de regalo diseñada para transportar diez veces más volumen y que cerrarán en la parte superior con otro adhesivo con la marca de la perfumería o el centro comercial.

Estamos de acuerdo en que el regalo es fantasía, en que la ilusión y el misterio de desenvolver son la parte esencial de la emoción que nos produce recibir un obsequio. Conforme en que un presente entregado así, sin más, no cumple con la magia del obsequio, pero ¿alguien se ha parado a pensar en el alto coste ambiental, económico y social que supone mantener esta costumbre de envolverlo todo? ¿Hasta cuándo estamos dispuestos a soportar esta situación a la que nos obliga la sociedad de consumo?

Alguna generación, y esperemos que sea la próxima porque el tema de los residuos está alcanzando límites insostenibles, deberá empezar a plantarle cara a esta sinrazón de envolver los regalos cuanto más mejor. No es lógico ni consecuente con la inquietud demostrada el resto del año, que toda esa gente que se ha venido autoimponiendo el hábito casi samaritano de ir a comprar con el cesto para dejar de acumular bolsas del supermercado, que va al mercado con el carrito o que lleva su propia bolsa de auxilio en la cartera o el bolso, se deje caer en la desmesura y el exceso cuando tiene que regalar o llega Navidad.

Abusar del envoltorio y del envase superfluo contribuye a inundar los vertederos y saturar los hornos de las incineradoras con materiales mixtos que en buena parte no se pueden reciclar. Además, aun en el caso de que fuera posible, los contenedores urbanos se deberían multiplicar por diez para dar cabida a tanto material de desecho en época navideña.

Tal vez la solución pase por repensar la cultura del regalo, especialmente en Navidad, por reducir la generación de este tipo de materiales y hacer del sentido común un acto de responsabilidad que, seguro, entenderá y nos agradecerá nuestro obsequiado. Pero ésta es una opción ciudadana, una decisión muy personal, estamos hablando de los derechos de su excelencia el consumidor y hay muchas personas que no permiten ni un solo comentario al respecto.

En todo caso que no nos quepa duda: a los industriales les ha de salir mucho más caro colocar tanto envoltorio superfluo en el mercado, por supuesto, pero nosotros también tenemos algo que decir. No se trata de no regalar, de renunciar a la tradición, sino de dar dos pasos atrás y ver dónde nos hemos equivocado para corregir el rumbo, si no estamos avanzando hacia el precipicio.

En España la generación de residuos supera el kilo y medio por habitante y día. Eso es mucho si tenemos en cuenta que en 1975 tan sólo generábamos 450 gramos. Pero es que durante las dos semanas de fiestas navideñas la proporción de residuos domésticos supera los dos kilos habitante/día, una cantidad en la que los envases, envoltorios y embalajes son más de la mitad. Otro dato: entre el 15 de diciembre y el 15 de enero generamos más del 30 % del volumen de papel y cartón anual. Cajas, bolsas, papel de regalo y demás. ¿Y si nos decidimos a hacer algo?

La bolsa o la vida

Usted consume cada año 238 bolsas de plástico. ¿Que no es su caso? Pues entonces es su vecino el que gasta más de 500. Y es que los números dicen que en España se dispensan anualmente alrededor de 10.500 millones de bolsas de plástico, que una vez utilizadas generan un volumen de residuos cercano a las 100.000 toneladas. Una cantidad que equivale a casi un 10 % del volumen de residuos que generamos los españoles anualmente.

Las bolsas de plástico son un subproducto del petróleo, y su proceso de fabricación (al que se destina aproximadamente un 5 % de la producción mundial de petróleo), además de ser contaminante, genera un alto consumo de energía.

Además, su vertido incontrolado provoca que aparezcan por todas partes, sobre todo en los días de viento, cuando sobrevuelan caminos, campos y ciudades hasta depositarse en el bosque o en el mar donde pueden tardar muchos siglos en biodegradarse: es decir, en desaparecer.

Una vez en el medio natural, el impacto ambiental que generan las bolsas de plástico en la fauna y la flora va desde los arbustos y flores que quedan literalmente «envasados» por una bolsa arrastrada por el viento, hasta tortugas, delfines o ballenas que acaban muriendo por asfixia después de ingerirlas por error, por lo que suponen una amenaza directa a la vida.

La reducción es la única herramienta eficaz para acabar con el lío de las bolsas de plástico y el único que puede hacer uso de dicha herramienta es el consumidor. Está pues en nuestras manos que los comercios lleguen a la conclusión de que no les sale a cuenta imprimir esas ristras de bolsas con su logotipo para que nos lluevan encima al pasar por caja, por muy baratas que les salgan y aunque en la mayoría de los casos sean un regalo de los proveedores.

Para ello podemos hacer uso del carrito con ruedas, muy cómodo de llevar y de cargar y descargar, recuperar la costumbre de ir a comprar con el cesto de mimbre o la bolsa de tela, que podemos dejar junto a la puerta de casa para no olvidarnos de ella, o mucho más práctico si es que tenemos aparcamiento junto a la vivienda: repartir directamente el contenido del carrito en una caja habilitada a tal efecto en el maletero del coche. Todo antes que vaciar bolsas y bolsas hasta que nos inunden la cocina.

Aunque los esfuerzos en este caso no deberían corresponder tan sólo al consumidor, la administración puede hacer mucho por su parte para reducir la fabricación y distribución de bolsas de plástico. Algo que ya está ocurriendo en muchas partes del mundo.

En Irlanda, por ejemplo, decidieron hace unos años coger el toro por los cuernos aplicando una ecotasa a las bolsas de plástico en el punto de venta: ¿quiere una bolsa? Muy bien, es un euro. De esa manera el consumo de bolsas entre 2002 y 2005 cayó un 95 %. Hoy en día son pocos los supermercados irlandeses que dispensan bolsas de plástico, en su lugar los consumidores acuden a la compra pertrechados de carritos, cestos o bolsas de tela o de plástico resistente.

En la mayoría de los establecimientos comerciales de Alemania las bolsas de plástico tipo camiseta (que así se llaman las que nos dan en los supermercados) salen a 50 céntimos. Si vas el sábado y cargas en bolsas la compra de toda la semana se te va una pasta en basura, o sea, en bolsas. La opción quc brindan allí (en España también comienza a ser habitual) es reaprovechar las cajas de cartón de la mercancía puesta en las estanterías y que algunos establecimientos brindan a sus clientes.

En Francia el gobierno también ha decidido actuar para frenar el derroche, pero dando un paso más allá del que dieron en Irlanda, ya que el gobierno galo prevé la prohibición de comercializar las bolsas de plástico clásicas a partir de 2010. En su lugar los comercios deberán ofrecer a sus clientes bolsas compostables (hechas con maíz y, por lo tanto, biodegradables en menos de un mes) o de cartón reciclado, mucho más ecológicas.

Algo parecido ocurre en Estados Unidos, donde algunos estados ya han prohibido las bolsas de plástico derivado del petróleo y en su lugar son cada vez más los comercios, de productos ecológicos o generalistas, que ofrecen a sus clientes las de tela a bajo coste (céntimos de dólar) abonándoles de nuevo el importe si regresan a comprar con ellas. El método funciona muy bien.

Otros países en los que se han puesto en marcha diferentes normativas que prohíben o desalientan el consumo abusivo de bolsas son Bélgica, Inglaterra, Sudáfrica, Australia, Tanzania, India o Bangladesh.

En España, el Ministerio de Medio Ambiente ha decidido sustituir el 70 % de las bolsas de plástico que utilizan los comercios por otras de papel, con menos carga contaminante a la hora fabricar y más fáciles de reciclar, para antes de 2015. Así lo recoge por lo menos el nuevo Plan Nacional de Residuos: veremos en qué acaba este propósito.

En última instancia, y como mal menor, hay que tener claro que las bolsas de basura son un envase ligero que debe ser depositado en su contenedor correspondiente: el contenedor amarillo. Un consejo: anúdenlas, así no volarán de su interior en un golpe de viento. No obstante, y según algunos expertos en gestión de residuos, al ritmo de crecimiento actual (esta fracción de nuestros desperdicios ha aumentado un 80 % en la última década) los sistemas de gestión destinados a reciclar los envases ligeros y que recogen esta fracción (contenedor amarillo) podrían verse colapsados en pocos años, por lo que se hace necesario insistir en el tema de la reducción. Es decir, que o bien desechamos buena parte de las bolsas que nos ofrecen al cabo del día o acabaremos todos plastificados.

Basura tecnológica

Los ciudadanos europeos generamos anualmente más de quince kilos de chatarra tecnológica por persona. Se trata de ordenadores personales, terminales de telefonía móvil, agendas electrónicas y toda una larga serie de consumibles electrónicos que entran en desuso al dejar de funcionar o ser sustituidos por un modelo con mayores prestaciones.

Estos productos se han incorporado en pocos años al sector del gran consumo generando un importante problema ambiental debido a su especial circunstancia en el mercado. Y es que a menudo, antes de poner un pie fuera del comercio donde lo acabamos de adquirir, se quedan obsoletos.

Debido a ello su espectacular crecimiento de ventas ha propiciado a su vez un rápido incremento de sus residuos. Recientemente, la UE alertaba sobre el sorprendente aumento que están experimentando este tipo de desechos y vaticinaba que, si no se logra poner remedio, pronto los móviles, portátiles, MP3 o PDA y el resto de productos tecnológicos en desuso superarán el 10 % del volumen total de nuestras basuras.

Actualmente, el 90 % de los aparatos electrónicos que se estropean y son desahuciados por el usuario acaba en los vertederos o trituradores sin recibir tratamiento de descontaminación y reciclado de sus materiales. Para evitarlo, en 2005 se ponía en marcha una iniciativa de carácter legal que viene a regular la gestión de este tipo de materiales cuando se convierten en residuo.

Así, el Real Decreto 208/2005 que traspone a nuestra legislación tres directivas europeas sobre prevención y tratamiento de residuos eléctricos y electrónicos, pretende reducir la cantidad de residuos y la peligrosidad de sus componentes; fomentar la reutilización de los aparatos y el reciclado de sus partes y disminuir el impacto ambiental de este tipo de basura. Para facilitar la participación ciudadana, se están habilitando puntos de recogida selectiva en los municipios y se mantiene un acuerdo de colaboración con los establecimientos distribuidores. De ese modo, la mayoría de los comercios se hacen cargo del aparato viejo al adquirir un modelo nuevo.

Actualmente son más de tres mil los contenedores que podemos encontrar en los puntos de venta para depositar de manera selectiva los aparatos de bolsillo, mientras que para los de mayor tamaño se ha destinado un espacio especial en las plantas de reciclaje o puntos verdes. Sólo en telefonía móvil se recogen anualmente más de cinco millones de terminales.

Los objetivos por volumen de recogida que establece el citado decreto vienen fijados por las normativas comunitarias de las que emana y son ciertamente optimistas. Así, para 2010 fijan un porcentaje de recuperación de entre el 70 % y el 90 %, algo que las empresas del sector consideran inalcanzable. En cualquier caso, y según el gobierno, si todo va conforme a las previsiones, a finales de 2009 deberíamos estar recogiendo cuatro kilogramos de chatarra eléctrica y electrónica por habitante y año.

De igual modo, la UE ha instado a las marcas a diseñar y producir los aparatos de forma que se facilite su desmontaje, reparación y, en particular, su reutilización y reciclaje, y a informar a los usuarios sobre las diferentes opciones de devolución y recogida selectiva, así como sobre los posibles efectos nocivos para el medio ambiente o la salud de las personas de las sustancias peligrosas que puedan contener. En ese sentido, desde principios de 2008 está prohibida la fabricación de ordenadores y electrodomésticos con plomo, mercurio, cadmio, cromo, hexavalente, bifeniles polibrominados o éter difenil, entre otras materias nocivas para la salud humana.

Respecto a los terminales de telefonía móvil, éstos tienen dos partes altamente contaminantes: la batería y los circuitos integrados. Entre los compuestos más peligrosos están el cadmio y el berilio. Su peligro para la salud es relativo, ya que han tenido que superar las directivas comunitarias al respecto; sin embargo, si son arrojados a la basura de manera incontrolada, al deteriorarse dan lugar a emisiones y lixiviados altamente tóxicos que pueden causar un grave daño a la salud del medio ambiente y de las personas.

Montañas de neumáticos

En España se cambian anualmente cerca de veinte millones de neumáticos de los que el 85 % se convierten en residuo: aproximadamente 300.000 toneladas de basura muy contaminante cuya correcta gestión medioambiental requiere un tratamiento especial. Sin embargo, este alto volumen de residuos especiales (el neumático usado es un desecho muy tóxico) suele acabar, en el mejor de los casos, depositado en vertederos especiales, y en no pocas ocasiones abandonado en plena naturaleza, lo que provoca un grave problema ecológico.

Sólo hay que darse una vuelta por los descampados y las zonas boscosas de las afueras de nuestros pueblos y ciudades para entender que se trata de un problema perfectamente serio, un acto incívico que debemos evitar y en todo caso denunciar.

Para dar solución al tratamiento de las ruedas usadas, la legislación ambiental española se dotaba recientemente de una normativa sobre gestión de neumáticos fuera de uso, una ley que obliga a los fabricantes a recuperarlos cuando pasan a convertirse en residuo mediante su reciclaje y a la correcta valorización de los materiales que lo componen.

Y es que mientras un neumático abandonado en el bosque puede provocar la contaminación de los ecosistemas y generar un alto riesgo de incendio, una vez recogido aparte y convenientemente recuperado llega a convertirse en un material fácil de reciclar y con diversas prestaciones.

Hasta hace poco la industria del reciclaje de neumáticos basaba buena parte de sus esfuerzos en el recauchutado, consistente básicamente en la sustitución de la banda de rodadura gastada por una nueva, lo que permite, al ser un proceso homologado y sometido a un riguroso control de calidad, volver a poner los neumáticos usados a la venta. Sin embargo, actualmente no es la única opción de reciclado, ya que con los materiales que lo componen también se puede construir pistas de tenis, suelos de parques lúdicos, firmes de carretera (mucho más seguras, pues mejoran la adherencia), tejados industriales, pasos a nivel, cubiertas, masillas y aislantes, césped artificial o mobiliario urbano, entre otros productos.

Con el propósito de gestionar el tratamiento adecuado de los neumáticos fuera de uso, a principios de 2007 se ponía en marcha una entidad gestora denominada SIGNUS (Sistema Integrado de Gestión de Neumáticos Usados) fundada por los fabricantes Michelin, Bridgestone, Continental, Good-Year/Dunlop y Pirelli, un conjunto de marcas que controlan el 90 % del mercado. El objetivo de esta entidad, en cumplimiento del acuerdo establecido por el gobierno central y las comunidades autónomas, es habilitar los mecanismos necesarios para recoger y gestionar el mayor número posible de los neumáticos que entran en desuso en España: es decir, convencer a los usuarios para que se cambien las ruedas en los talleres colaboradores o los depositen en las plantas de reciclaje o puntos limpios. Ésta no es la única empresa que opera en el mercado de la recogida selectiva y el reciclado de los neumáticos fuera de uso, un ámbito industrial que representa además un buen ejemplo de desarrollo económico sostenible y con un innegable beneficio social.

La normativa que permanece en vigor en nuestro país prohíbe la acumulación de neumáticos usados en vertedero y la incineración de los neumáticos troceados. En cumplimiento de las leyes comunitarias, la legislación española establece el principio de responsabilidad ambiental del productor obligándole a gestionar responsablemente sus residuos mediante la reducción, reutilización, reciclado y otras formas de valorización, quedando sujetos a esta normativa todos los neumáticos comercializados en el mercado nacional, con excepción de los de bicicleta.

Así, todos los agentes que operen en el mercado de los neumáticos (talleres, tiendas especializadas, centros comerciales y otros) deberán identificarse ante los diferentes sistemas de gestión para el reciclado de este tipo de residuos y participar en recogida selectiva.

El consumidor, por su parte, ve reflejado en la factura de compra de los nuevos neumáticos un incremento de tarifa por los costes de la gestión medioambiental correspondiente a los que le han sido sustituidos. SIGNUS es una sociedad sin ánimo de lucro. Los ingresos por tarifa se aplican a cubrir los gastos de gestión.

Según la sociedad gestora, los diferentes precios aplicados a dicha tarifa corresponden al resultado de un cálculo riguroso de costes de gestión llevado a cabo durante más de un año.

Los importes recaudados con la aplicación de la tarifa, que se actualizará en función del incremento de costes que se den en el conjunto del sistema, sirven para financiar el proceso de reciclaje y valorización de esta importante fracción residual y para impulsar nuevas soluciones tecnológicas que contribuyan a su mejor reaprovechamiento.

En España, y desde la entrada en vigor de este sistema de gestión de los neumáticos usados, ya se han conseguido recuperar cerca de 100.000 toneladas de neumáticos usados. El 90 % de este volumen de residuos recuperados se destinó al reciclaje de sus materiales, mientras que el 10 % restante se envió a incineración.

Si está usted pensando en cambiarse las ruedas del coche, haga una apuesta por el medio ambiente y preocúpese de que su taller participe en estos sistemas de reciclado.

Los medicamentos también deben ir aparte

La automedicación es una de las principales amenazas para nuestra salud y la del medio ambiente. Y es que a los efectos negativos que tiene para nuestro organismo el consumo de fármacos sin receta médica se unen los que ocasiona su vertido incontrolado una vez caducados o cuando quedan fuera de uso.

¿Cuántos medicamentos acumula en el cajón o el botiquín? Seguro que si deja el libro en este punto y va a echar un vistazo descubrirá que buena parte de ellos han caducado o son los sobrantes del tratamiento de aquella dolencia que nunca más se ha vuelto a manifestar en su organismo. Entonces ¿por qué los guarda? ¿Por si vuelven los síntomas? ¿Por si se declaran en un conocido? No. Los medicamentos sólo pueden ser administrados por prescripción facultativa y nunca, nunca debemos tomarlos por consejo de un conocido o porque «es lo mismo que me pasó aquella vez».

Este hábito, tan común en nuestro país, genera un grave problema de salud pública y, como indicábamos, también de contaminación. Y es que el vertido incontrolado de fármacos a través de la bolsa de la basura, el desagüe o el inodoro genera un impacto ambiental que acaba, dañando gravemente el ecosistema y perjudicando al conjunto de los organismos, pues muchos de los componentes activos de los medicamentos son bioacumulativos y persistentes a lo largo de la cadena trófica, lo que quiere decir que se fijan en el organismo de los seres vivos que pueblan el medio acuático o terrestre pasando de unos a otros.

Para evitarlo, la industria farmacéutica española, en colaboración con las farmacias y las redes de distribución, ha puesto en marcha un sistema de recogida selectiva de envases de

Qué es lo que SÍ puedo poner en el contenedor blanco
• Los envases vacíos de medicamentos, incluida la caja exterior y el prospecto. • Una vez finalizado el tratamiento, los medicamentos sobrantes con su envase. • Los medicamentos que hayan caducado.
Qué es lo que NO debo poner en el contenedor blanco
• Jeringuillas y agujas hipodérmicas. • Material de curas usado (algodón, vendas, tiritas, etc.). • Termómetros. • Cúteres, pinzas, tijeras o cualquier otro objeto punzante. • Prótesis dentales o de cualquier otro tipo. • Gafas fuera de uso, aparatos de audición, etc.

medicamentos y fármacos fuera de uso que, bajo la denominación de SIGRE, nos permite desprendernos de manera segura, para nosotros y para el medio ambiente, de los envases vacíos o con restos de fármaco, así como de los medicamentos caducados que tenemos en casa.

Los puntos SIGRE son unos contenedores blancos de forma tubular que están distribuidos en los centros colaboradores de toda España. Actualmente forman esta red más de 20.000 farmacias y 150 almacenes de distribución farmacéutica que abarcan buena parte de nuestro territorio.

Y la forma de colaborar no puede ser más sencilla. Basta con dedicar una pequeña parte de nuestro tiempo en casa a repasar el contenido del cajón de los medicamentos y separar aquellos que estén caducados o fuera de uso, así como los envases vacíos para, depositados dentro de una bolsa, conducirlos hasta la farmacia colaboradora más cercana para depositarlos en el contenedor blanco o punto SIGRE.

Una vez lleno, los responsables de este sistema de recogida pasarán a vaciar el contenedor para conducir su contenido hasta una planta de clasificación donde se aprovechan aquellos materiales que pueden ser reciclados (papel, vidrio, plástico o cartón, entre otros) y se inertizan los componentes activos del fármaco antes de proceder al aprovechamiento energético de los restos de medicamento. También podemos proceder con el mismo método en la revisión del botiquín de nuestra empresa. De ese modo, con la contribución voluntaria de todos conseguimos un doble objetivo: evitamos la contaminación que genera su vertido incontrolado y reciclamos los materiales que componen sus envases. Los medicamentos usados o fuera de uso y sus envases, al contenedor blanco de las farmacias.

Chatarra espacial: un problema muy serio

¿Nunca se ha parado a pensar adónde deben ir a parar todos esos satélites que dejan de funcionar en el espacio? ¿Y los restos de los cohetes que hemos ido lanzando allá arriba? ¿Alguien se ha preocupado de recogerlos? ¿Existe alguna planta de reciclaje en el espacio, un vertedero, alguna chatarrería?

La respuesta es no. Desde que en 1957 se produjera el lanzamiento al espacio del primer satélite artificial por parte de la antigua Unión Soviética, el «Sputnik», la acumulación de residuos de tecnología espacial sobre nuestras cabezas no ha dejado de crecer, hasta el punto de que cada vez son más los expertos que alertan del riesgo que supone la denominada como «basura espacial», uno de los aspectos más desconocidos a la vez que inquietantes relacionados con la gestión de nuestros residuos.

En el último medio siglo de nuestra historia, los seres humanos hemos lanzado al espacio exterior alrededor de 5.000 aparatos (cohetes, satélites, telescopios y otros) que han generado miles de toneladas de residuos dc toda clase.

Y aunque al lector le pueda parecer que es más perentorio preocuparnos de cómo gestionamos el alto volumen de desperdicios que generamos diariamente aquí abajo, lo cierto es que este tema de la basura espacial no se debe tomar a broma.

Se trata de un volumen astronómico (y nunca mejor dicho) de desechos del que nunca nos hemos preocupado. Una cantidad ingente de piezas de todo tipo de material y tamaño que continúa girando en la órbita terrestre como un gigantesco anillo de chatarra. Actualmente se calcula que este tipo de basura supera los 110.000 objetos y fragmentos de más de un metro cúbico. Por debajo de esa medida es imposible saber lo que nos envuelve ahí fuera, nadie podría identificar todos esos millones de remaches, clavos, tuercas, tornillos, arandelas, grapas y demás escorias. En cualquier caso unos y otros, convertidos en material de rechazo, generan un tipo de contaminación no por ignorada menos peligrosa, pues entre esos residuos figuran los que han estado en contacto con material radiactivo o lo que es peor, los que lo contienen en su interior.

De todos esos «trastos volantes», la Agencia Espacial Norteamericana (NASA) sólo tiene catalogados cerca de 9.000, que sumarían más de 4.000 toneladas de peso, la mayor parte componentes de satélites y cohetes. Una de las principales preocupaciones tiene que ver con la probabilidad cada vez más elevada de que uno de estos objetos pueda colisionar fatalmente contra una nave tripulada, lo que podría tener efectos catastróficos para la seguridad de los astronautas.

Hay que tener en cuenta que la velocidad estimada a la que orbitan estos objetos rondaría los 40.000 km/h, por lo que un simple tornillo de acero se puede convertir en una bomba de mano y un tanque vacío de combustible en un potente misil capaz de destruir un transbordador espacial.

Si tenemos en cuenta que la mayor parte de los objetos se sitúan en la franja conocida como «espacio próximo», que va desde la superficie terrestre hasta los 2.000 km de altura, y añadimos los numerosos proyectos de turismo espacial previstos por esta zona del exterior, podríamos concluir que en los próximos años el riesgo de colisión con un objeto de desecho no es menor.

Lo cierto es que hasta hoy son pocos los accidentes espaciales que se han podido relacionar de manera directa e incuestionable con el impacto de basura cósmica. No obstante, existen casos que albergan serias y fundadas sospechas. Por ejemplo, los expertos dan por hecho que la explosión del satélite Kosmos 1275, que se produjo en el año 1981, se debió a la colisión con uno de estos objetos a la deriva. O que el desvío en su órbita experimentado por el «Cerise» (un satélite militar francés) hace ahora una década lo causó el impacto de un pequeño fragmento del cohete «Ariane» que había estallado unos años antes. Como éstos, los expertos de las agencias espaciales norteamericana, rusa y europea continúan investigando cerca de 25 casos de accidentes espaciales sin respuesta que podrían estar asociados a este tipo de incidentes.

La posibilidad de que cualquiera de estos desechos espaciales llegue a atravesar la atmósfera terrestre y pueda impactar en la superficie del planeta es ciertamente baja. Las altas temperaturas que llegan a coger los objetos cuando se aproximan a nuestro planeta y comienzan a friccionar contra la atmósfera que nos envuelve hacen que se volatilicen casi al instante. Las excepciones sin embargo existen.

En el otoño de 1979 el «Skylab» colisionó contra la atmósfera terrestre totalmente fuera de control y se disgregó en un montón de objetos de todas las medidas que por fortuna cayeron en su totalidad sobre el océano Índico. No obstante, desde el año 1958 se han hallado alrededor de setenta objetos de chatarra espacial en la superficie terrestre. En su mayor parte se trata de piezas y restos de componentes de medida pequeña y mediana pertenecientes a satélites y cohetes lanzados al espacio, pero también se han dado casos de grandes piezas caídas del cielo.

Uno de los casos más espectaculares sucedió en 1997 cuando un depósito de combustible de un cohete Delta 2, con unas medidas de 1,7 m de ancho por 2,8 m de longitud y 270 kg de peso, cayó cerca de un pequeño pueblo de Sudáfrica. Lo más sorprendente de esta noticia es que al año siguiente el otro depósito del mismo cohete, exactamente igual al que apareció en el poblado africano, cayó del cielo y estuvo a punto de impactar contra una granja de Tejas en Estados Unidos de América.

Y es que nadie puede descartar que si persistimos en la idea de explorar el espacio y abandonar allí fuera los residuos que generamos, algún día no podamos tener un susto verdaderamente serio. Es el riesgo de convertir el espacio próximo en un vertedero.

Reducir antes que reciclar

Todos los expertos que trabajan en buscar soluciones al problema de las basuras coinciden en señalar que el mejor residuo es el que no se genera. Esta máxima expresa de manera clara que el principal objetivo debe ser la reducción. Una tarea que sin ningún género de dudas compete de manera principal a las empresas envasadoras y de fabricación y distribución de productos de gran consumo, pero también a los consumidores.

Y para evitar la enorme cantidad de basura que generamos en la compra diaria es necesario practicar un consumo ambientalmente más responsable, es decir, adaptando unas pautas de selección que incorporen el respeto al medio ambiente como valor, aunque antepongamos antes la calidad y el precio, no importa. De lo que se trata en cualquier caso es de tener en cuenta esa condición que cada vez destacan más productos en su etiqueta (diferenciando, eso sí, la honestidad del engaño) para escoger entre una y otra opción de compra la que nos obligue a gestionar el menor volumen de residuos posible.

Se trataría de poner en práctica lo que se ha dado en llamar la cuarta «r» de la famosa fórmula de la ecología doméstica (ya saben, aquello de las tres erres: reducir, reparar y reciclar) para en este caso hacer frente al incremento constante del volumen de nuestros residuos con otra más: la «r» de rechazar.

En los últimos 30 años el volumen de basuras generado en las ciudades españolas ha aumentado casi el doble. En 1975, la media de peso de la bolsa de basura era de 450 gramos por habitante y día. Actualmente supera el kilo y medio.

De hecho los residuos urbanos no paran de crecer en España, mostrando un aumento en torno a un 6 % anual. En 2007 los españoles generamos un total de 24,75 millones de residuos urbanos, entendiendo por residuo urbano aquel que se genera en domicilios particulares, hoteles, tiendas y edificios de oficinas. Por autonomías las que generan más basura son Ceuta y Melilla con 2,30 kilos por habitante y año, seguidas de Canarias (2,23) y Baleares (2,02). Las que menos residuos generan son Galicia con apenas 1,05 kilos de basura por habitantes, y Castilla y León, con 1,10. En todo caso el consenso a nivel autonómico, estatal y comunitario es total: hay que reducir la generación de basuras urbanas y hay que conseguirlo ya.

Pero aunque las medidas administrativas para fomentar el recorte en las basuras domésticas han avanzado notablemente en los últimos años, lo cierto es que chocan con la realidad de una sociedad todavía poco sensibilizada en cuestiones ambientales y mucho menos cuando esa sensibilidad exige algunos sacrificios. Y es que a la hora de hacer frente al problema de los residuos no se trata tanto de ser ecologista (como venimos remarcando en todos los capítulos de este libro) como de actuar con un mínimo de responsabilidad y sensatez. De aplicar el sentido común a la hora de relacionarnos con los productos de consumo para aceptar que, como en la famosa cita popular «no es más limpio el que más limpia, sino el que menos ensucia», lo que traducido a la gestión responsable y eficiente de nuestras basuras se traduciría en un «no es más eficaz el que más recicla, sino el que menos residuos genera».

Consumir productos a granel, elegir los que se presentan en envases reciclables, eludir los que llevan embalajes superfluos, acudir a la compra con cesta o carrito para dejar de acumular bolsas de plástico en casa. Todas estas prácticas constituyen un paso previo al viaje al contenedor y ayudan a reducir el volumen de las basuras en casa, en las calles o en el ambiente. Y pueden ser aplicadas sin necesidad de renunciar a ningún aspecto de nuestra calidad de vida. Éstas son algunas de las acciones con las que podemos contribuir a ello:

– A la hora de escoger entre productos semejantes, elige el que tenga menos envase o envoltorio.

– Los formatos familiares o de gran tamaño muestran una proporción de envase por producto mucho menor.

– Siempre que sea posible, acude a comprar con tu propia bolsa, carrito o cesto.

– Evita los alimentos presentados en bandejas de porexpán.

– Opta siempre que puedas por la charcutería al corte en lugar de la sección de refrigerados.

– Haz una lista de la compra, evitarás el consumo compulsivo de productos innecesarios o cantidades excesivas.

– Si acudes a comprar con niños, edúcalos en la moderación. Explícales la importancia de razonar el consumo y evitar la publicidad engañosa.

Evitar la publicidad no deseada: la Lista Robinson

A título individual cualquier ciudadano puede dirigirse a la Federación de Comercio Electrónico y Marketing Directo (www.fecemd.org) que gestiona la denominada «Lista Robinson». En ella se inscriben las personas que no desean recibir propaganda a su nombre (quedaría excluido la que se distribuye mediante sistemas de buzoneo masivo). Esta entidad colabora con el 90 % de las empresas que se dedican a la publicidad directa. Gracias a este sistema los anunciantes reciben cada tres meses la lista y actualizan sus ficheros, excluyendo a los ciudadanos que así lo han hecho constar. Se trata de un servicio totalmente gratuito y del todo eficaz para aquellos que no quieran recibir más publicidad personalizada.

Recuperación de derribos caseros

La reforma de interiores en domicilios particulares origina un alto volumen de residuos que conviene gestionar correctamente para evitar su vertido incontrolado y las sanciones que de ello se derivan. Una vez más hablamos de ecología, pero también de economía doméstica. Por ello antes de realizar una reforma en el hogar es imprescindible contratar los servicios de recogida de escombros que se van a generar con las obras.

De ese modo permitiremos un aprovechamiento de los materiales de construcción, que convenientemente tratados permitirá su reciclado para usos muy diversos. Por ejemplo, las tuberías de PVC, un material polémico por su alta toxicidad como residuo, pueden ser recicladas en la construcción de carreteras y suelos industriales. Los restos de ladrillos, arena y cemento se emplean en el armazón de nuevos edificios y el plomo proveniente de las viejas cañerías, que sería un peligroso contaminante vertido de manera incontrolada, se puede recuperar para diferentes usos industrialcs.

No hay que olvidar que además de los materiales citados, entre los residuos de la construcción pueden encontrarse algunos de los productos más tóxicos que pueden afectar a nuestra salud, como el peligroso amianto (cuya inhalación de sus partículas puede provocar la asbestosis o cáncer de pleura), los disolventes y resinas o las planchas de fibra de vidrio, entre otros.

En toda España existen muchas empresas que ofrecen servicios de depósito y recogida de residuos de la construcción. El sistema más utilizado es el del minicontenedor de alquiler. Se trata de un pequeño contenedor tipo saco, generalmente de un metro cúbico de capacidad, que se puede recoger en almacenes de construcción y grandes superficies de bricolaje. Estos sacos se colocan en el exterior de nuestro domicilio, siempre que no dificulten el tránsito de peatones y vehículos y permita un fácil acceso al resto de vecinos, para ir rellenándose con los residuos de la obra y ser recogido una vez lleno o al finalizar ésta.

Su coste (generalmente entre 60 y 80 euros) incluye la recogida a domicilio. Para cantidades más grandes es necesario contratar un contenedor de hierro. Los hay de varias medidas, pero el más utilizado es el de tres metros cúbicos. El coste depende del material que se vaya a verter. Al solicitarlo nos preguntarán el tipo de obra que debe atender y los materiales que se van a depositar. El problema logístico de este tipo de contenedores es su ubicación, pues ocupa el espacio de un aparcamiento y hay que prever que el camión pueda realizar correctamente las maniobras de carga y descarga.

Otro sistema es el del depósito en el punto verde o planta de reciclaje municipal. En este caso, y por norma general, no nos cobrarán nada siempre y cuando traslademos los escombros allí con un vehículo particular tipo turismo y se trate de una cantidad ajustada, es decir, procedente de una pequeña obra doméstica. Si llegamos con una furgoneta el coste de los vertidos dependerá del volumen y el tipo de materiales. Se puede depositar material de derribo (ladrillos, yeso y cemento), maderas, bajantes de PVC, cañerías, conducciones metálicas, cables y vidrios, entre otros. Pero las plantas pueden reservarse el derecho de admitir materiales tóxicos o peligrosos. Por ello es aconsejable realizar una consulta previa.

En España se generan cada año alrededor de 22.000 millones de toneladas de escombros procedentes de la construcción y la rehabilitación de viviendas o la demolición de edificios, siendo en su mayor parte (un 54 %) ladrillos, revestimientos cerámicos y sanitarios. Esta cifra nos sitúa a la cabeza de la Unión Europea con 500 kg/hab/año.

Reciclar estos residuos es la única alternativa eficaz para mantener el entorno y evitar nuevas brechas en el suelo ocasionadas por la extracción de áridos y otros materiales de construcción, pues por norma general estas instalaciones deterioran gravemente el paisaje ya que los sustratos de nuestro suelo, mayoritariamente calcáreo y rico en sedimentaciones, lo hacen excelente para su explotación industrial.

La mayor parte de las canteras de piedra calcárea se explotan a cielo abierto y las cementeras devoran las montañas a dentelladas. Para la extracción de arenas y cantos rodados de los lechos fluviales se invaden los cauces, con la consiguiente contaminación de las aguas y la destrucción de la vida en el río.

Por todo ello, si logramos recuperar los materiales de derribo estaremos ahorrando agua y energía, pero también podremos preservar el paisaje.

Si ya no circula, no lo abandones

Como explicamos en el capítulo dedicado a la movilidad sostenible, la renovación del parque automovilístico español con la incorporación de los nuevos modelos, más limpios y eficientes, es uno de los principales retos que debe asumir España para proceder a un recorte significativo de las emisiones responsables del calentamiento global. Pero eso no significa que debamos deshacernos de los coches antiguos de cualquier manera.

En nuestro país, los usuarios que deciden dar de baja un vehículo de su propiedad (trámite indispensable para suspender el pago del Impuesto de Circulación) tienen que acreditar que el mismo ha sido depositado en uno de los centros de reciclaje autorizados por las diferentes administraciones.

De esta manera la normativa legal pretende evitar el abandono de vehículos fuera de uso en el entorno y obligar al propietario del vehículo al cumplimiento de la Ley de Residuos, que tiene como objetivo principal fomentar el reciclaje, recuperar las materias primas y prevenir la aparición de residuos nocivos en el medio ambiente.

Para promover la gestión ambientalmente responsable de este importante residuo, muchos de los tradicionales cementerios de coches que existen en España se han ido convirtiendo de un tiempo a esta parte en puntos de recogida de vehículos usados, donde se procede a la descontaminación y almacenamiento de los coches en espera de ser librados a un centro autorizado de reciclaje.

El tratamiento al que se somete todo vehículo fuera de uso consiste en la separación controlada de cada uno de sus componentes, con especial atención a los que tienen consideración de residuo especial: batería, catalizador, combustibles y lubricantes, filtros, componentes de PVC, neumáticos, sistema de frenado, líquido refrigerante y gases del aire acondicionado.

Una vez separados, los técnicos de cada centro determinan si su destino debe ser el vertido controlado o si por el contrario se pueden someter a un posible reciclado, bien como materia prima o incluso devolviéndoles la vida útil como piezas de segunda mano.

Así, la ley actual de recuperación de vehículos fuera de uso promueve la reutilización de las partes o los componentes que resulten seguros como piezas o elementos de segunda mano y que puedan considerarse sustitutivos de los productos comerciales al efecto.

De ese modo, ante determinadas averías que exigen una sustitución de partes importantes del motor o la carrocería del vehículo, y previa autorización del consumidor, se produce una comunicación entre los talleres mecánicos responsables de la reparación y los desguaces con los que habitualmente colaboran para recurrir a piezas usadas que se encuentren en perfecto estado de uso. Es así como se logra alargar la vida de los objetos y recuperar un residuo que de otra manera generaría un problema ambiental. Además, con el aprovechamiento de las partes útiles de los vehículos fuera de uso una reparación puede verse reducida a más de la mitad del valor que tendría si se utilizaran piezas nuevas, algo que en tiempos de crisis como el que nos toca vivir se convierte en un aliciente económico.

Con la actual normativa, además de gestionar de una manera mucho más eficiente los residuos procedentes de la automoción, se evita el grave impacto ambiental que generaban los antiguos cementerios de coches al uso, recintos de aspecto fantasmal donde los vehículos por desballestar, los neumáticos y las piezas extraídas permanecían amontonados durante años, deteriorando de manera constante el entorno que ocupaban y los acuíferos alcanzados por sus lixiviados (unos líquidos que en algunos casos tienen un alto poder corrosivo). En 2007 el Ministerio de Medio Ambiente tenía censados en España más de 3.500 desguaces, donde son depositados alrededor de un millón de coches anualmente.

Hay que tener en cuenta que en la actualidad se considera en situación de abandono todo vehículo que, permaneciendo en un mismo estacionamiento de la vía pública durante un período de tiempo superior a un mes, presente síntomas claros de deterioro progresivo que hagan imposible el desplazamiento por sus propios medios. Otra señal que confirma el abandono de un vehículo es su aparición en el entorno de las ciudades con la falta de ambas placas de matriculación. Por otra parte, la normativa vigente determina el abandono de un automóvil cuando transcurren más de dos meses de su retirada de la vía pública por las autoridades sin que sea reclamado por su propietario.

El abandono de vehículos fuera de uso es un acto ilegal y causa serios perjuicios en el medio ambiente, como el vertido de líquidos altamente contaminantes (combustibles, lubricantes y otros) o el deterioro de sus componentes. Un ejemplo: la espesa columna de humo negro que provocan los neumáticos al arder libera a la atmósfera una alta cantidad de dioxinas: las partículas contaminantes más peligrosas que se conocen, con comprobados efectos cancerígenos sobre el organismo.

Por todo ello, si opta por deshacerse de un vehículo de cualquier tipo (incluso los de uso agrícola o industrial), póngase en contacto con su ayuntamiento y solicite información sobre el depósito autorizado más próximo, pero nunca, nunca lo abandone en el entorno.

Contaminación acústica y lumínica

Una plaga que va en aumento

La contaminación acústica es una de las principales causas de deterioro ambiental en las áreas urbanas. Una forma de polución que afecta severamente a la calidad de vida de las personas y altera el equilibrio ecológico del entorno. Sin embargo, como no se puede fotografiar ni captar en imágenes, al no ocupar portadas en la prensa ni abrir informativos de televisión, no genera el mismo nivel de alarma social que otros tipos de contaminación.

Todo el mundo se echa las manos a la cabeza ante un vertido contaminante al mar, ante la imagen de un pantano reseco o de un bosque en llamas. Sin embargo, no somos capaces de reaccionar de igual modo ante el incesante «vertido» de decibelios (dB: la unidad de mesura del sonido) que, en constante aumento, nos exponen a una de las principales agresiones ambientales en la sociedad actual.

Los médicos alertan que nuestro oído tiene un límite de tolerancia que se situaría entre los 50 y los 60 dB. A partir de ahí, y siempre según los expertos, el oído empieza a sufrir daños por culpa de la contaminación acústica. A medida que se supera ese nivel los daños pueden llegar a ser irreversibles.

Vamos a repasar algunos niveles de ruido para saber de qué estamos hablando. Se considera silencio un nivel de ruido inferior a los 10 decibelios. El tic-tac de un reloj sonando en la noche emite 12 dB. El sonido de la cadena del lavabo se puede acercar a los 20 dB. Subir la persiana de la ventana o poner la radio alta puede rondar ya los 50 dB.

Nos detenemos en este nivel para comprobar que, efectivamente, el ruido de una persiana al romper el descanso del sueño puede ser sumamente desagradable. Pero más allá de las molestias para el descanso a partir de esos 50 dB estaríamos hablando de otro tipo de consecuencias mucho más serias, ya que empezarían las agresiones a nuestro oído y el de nuestros vecinos. Salgamos a la calle para comprobar hasta dónde llega la violencia del ruido.

El tránsito sereno de una avenida en un día de tránsito fluido puede alcanzar los 60 decibelios, pero, como señalamos en el capítulo *Meto ruido luego existo,* si en algún momento circula cerca de nosotros una moto ruidosa podemos sufrir la primera agresión seria: hasta 120 dB.

En esa misma zona de alta contaminación destacan con 125 dB el freno chirriante de un autobús falto de mantenimiento, con 130 el claxon de un automóvil, con 150 la sirena de una ambulancia y con 180 el taladro de una obra. Pero eso no es todo. En el interior de una discoteca se pueden llegar a superar los 200 decibelios, exactamente la misma agresión (a estos niveles sí que ya muy grave y de consecuencias irreversibles) que sufriríamos a pie de pista de un aeropuerto donde todos los trabajadores están obligados a llevar cascos de insonoridad.

Según los expertos, a partir de los 90 decibelios los daños provocados por la contaminación acústica se agravan. El oído pierde sensibilidad (para siempre, pues las células sensoriales dañadas no se recuperan), perdemos audición y reflejos, aparecen alteraciones en el sueño y se generan toda una serie de disfunciones que pueden llevar a una considerable pérdida de la calidad de vida.

La OMS (Organización Mundial de la Salud) realizó hace unos años un completo informe sobre los riesgos de la contaminación acústica titulado «El ruido en la sociedad: criterios para una mejora de la salud medioambiental» en el que se alertaba de que, contrariamente a lo que mucha gente cree, la pérdida de capacidad auditiva, es decir, la sordera no es la única afección provocada por la contaminación acústica.

Igualmente relacionados con la exposición al ruido estarían el estrés, la hipertensión, las cefaleas crónicas o incluso lesiones más severas relacionadas con diferentes enfermedades cardiovasculares. De igual modo, y según los investigadores de la OMS, una exposición constante al ruido puede afectar también al correcto funcionamiento del aparato digestivo, provocando úlceras, trastocando el sistema inmunológico y produciendo incluso esterilidad.

No menos importantes son los efectos psicológicos de la contaminación acústica en las personas. Entre éstos cabe destacar la tendencia a la irritabilidad y la agresividad, no en vano el ruido aparece como detonante en numerosos conflictos vecinales.

Debido a todo ello, los expertos de la OMS no dudan en calificar la contaminación acústica y los altos niveles de ruido que se alcanzan en las grandes ciudades como una auténtica plaga de los tiempos modernos. Una epidemia cuya única medicina paliativa se basa en el civismo, la responsabilidad ambiental y el respeto al descanso de los otros. Unas actitudes que sólo serán efectivas si devienen colectivas.

Luces perdidas: cielos sin estrellas

Los expertos llaman contaminación lumínica al fenómeno que se produce cuando la luz artificial que emite el alumbrado doméstico o urbano se refleja en los gases y las partículas en suspensión que hay en la atmósfera de las ciudades y pueblos.

Ocurre que una vez allí arriba, la luz perdida da lugar a la formación de una pantalla resplandeciente que impide observar el firmamento. Los habitantes de las grandes ciudades que hayan intentado alguna vez observar una lluvia de estrellas o un eclipse de luna desde la terraza de su casa conocerán dicho fenómeno, pues en la mayoría de los casos esa pantalla anaranjada impide disfrutar de tales espectáculos.

La causa que provoca la contaminación lumínica es el «encendido» de la bóveda celeste que generan a su vez los miles de haces de luz que se pierden por encima de los edificios. Luces de alta potencia que tras rebotar en escaparates, bloques de oficinas, monumentos y rótulos comerciales se acaban perdiendo en la oscuridad del cielo. Pero en su viaje hacia el infinito esa luz que se pierde acaba iluminando las partículas en suspensión que forman la neblina de contaminantes urbanos y que recibe el nombre de *smog* en inglés.

A este efecto contribuye de manera notable el ineficiente abuso en la iluminación de las terrazas urbanas y balcones y jardines de las casas particulares. De ese modo la iluminación incorrecta de exteriores se traduce en un apantallamiento general del espacio exterior en el interior de las ciudades, lo que supone, además de un considerable derroche energético y económico (nada desdeñable en tiempos de crisis), un significativo deterioro ambiental de nuestros cielos.

La Oficina Técnica para la Protección de la Calidad del Cielo del Instituto Astrofísico de Canarias (IAC), uno de los organismos más reputados a nivel mundial en el análisis de este tipo de fenómeno, ha realizado interesantes estudios sobre las causas que provocan la contaminación lumínica, y coincide en señalar que obedecen en buena medida a las deficiencias en la iluminación urbana, incluida la que utilizamos en el ámbito doméstico, y que están directamente relacionadas con el derroche energético.

Para los técnicos del IAC una de las medidas que contribuiría de manera más efectiva a paliar la contaminación lumínica que padecen los habitantes de las grandes ciudades consistiría en que el alumbrado de fachadas y monumentos y el brillante mosaico resplandeciente que forman los reclamos de los rótulos luminosos de los comercios fueran apagados a partir de media noche. Algo que parece de una sensatez demoledora, pues no se trata de restar posibilidades publicitarias sino de atajar un gasto superfluo cuando el número de ciudadanos que pasean por la calle desciende notablemente y su iluminación deja de tener sentido como reclamo turístico o comercial.

Otro apartado al que los expertos en prevención de la contaminación lumínica prestan una atención preferente es al impacto que generan las farolas tipo globo que todavía siguen utilizándose para alumbrar paseos y plazas. Si observamos la disposición de su pantalla, totalmente esférica, caeremos en la cuenta de que son el prototipo del derroche y una de las causas directas de que el cielo de las ciudades y pueblos se encienda cada anochecer, pues este tipo de luminarias pierden hasta el 50 % de la luz que emiten alumbrando a la nada, o lo que es peor, lanzando sus haces de luz allá arriba para promover el apantallamiento de la bóveda celeste y borrar las estrellas de la mirada del ciudadano.

A este efecto se suman los excesos en los reclamos luminosos de centros de ocio y clubes nocturnos, que incluso llegan a disponer de emisores de rayos láser que no dudan en dirigir al cielo para llamar la atención de quienes se hallan incluso a varios kilómetros de distancia.

Pero no se trata tan sólo de recuperar el derecho que todos deberíamos tener a observar las estrellas desde nuestras ciudades. Los científicos que analizan esta forma de contaminación a menudo ninguneada han conseguido demostrar a través de numerosos estudios los importantes efectos perjudiciales que la contaminación lumínica causa en el ecosistema, donde acaba alterando el ciclo vital de las plantas y los animales y modifica las condiciones naturales del espacio que ocupa el entorno urbano.

Así, las aves migratorias que surcan los cielos de las ciudades de noche ven gravemente alteradas sus rutas debido a los efectos negativos de la contaminación lumínica. El estudio de su comportamiento ha conseguido determinar que pájaros de todos los tamaños, desde las cigüeñas y los gansos hasta los petirrojos y las golondrinas, siguen antiguos itinerarios celestes en los que la localización de las estrellas juega un papel primordial. Y resulta que al perder esa referencia, algunos grupos de aves migratorias llegan a desviarse mucho de sus rutas ancestrales hasta que acaban por extraviarse y aparecer donde no tocaba. Ésa sería entre otras una de las respuestas que los ornitólogos dan a la presencia cada vez más habitual de especies australes en el continente europeo y viceversa.

De igual modo, las rapaces nocturnas que habitan zonas pobladas y afectadas por un exceso de iluminación artificial ven mermadas sus facultades al quedar expuestas a la visión de sus posibles presas. Cuando la lechuza, que tiene en la oscuridad a un aliado para la caza, atraviesa el haz de luz que ilumina la fachada de la iglesia para acercarse sigilosamente al ratón que merodeaba por el campanario, éste hace rato que se ha ido, sin que ella entienda nada.

Asimismo, el exceso de iluminación durante la noche afecta también a la vida de las plantas, que sometidas a una constante exposición a la luz artificial ven alterado el normal desarrollo de sus procesos biológicos.

Por ejemplo, la mayoría de nuestros árboles y plantas florecen cuando los días comienzan a alargarse y sueltan hoja cuando se acortan, por lo que si les colocamos una farola encima y la mantenemos encendida durante toda la noche y a lo largo de todo el año, acabamos alterando sus biorritmos hasta provocarles en algunos casos la muerte.

Pero hay más, y es que la contaminación lumínica no sólo nos impide ver las estrellas y acaba afectando al medio ambiente, sino que puede perjudicar también a la salud de las personas. Los procesos de adaptación a los diferentes niveles de iluminación se ven alterados ante la ausencia de fases de oscuridad, provocando que quienes viven en espacios sometidos a un exceso de iluminación artificial exterior vean dificultado su descanso. Es así como se ha establecido una relación directa entre algunas molestias comunes como el insomnio, la fatiga o el estrés y la exposición a la contaminación lumínica que sufren nuestras ciudades.

Reducir la intensidad de la luz exterior, moderar y razonar su uso, puede ayudarnos a ahorrar dinero, mejorar el medio ambiente, gozar de un descanso más saludable y recuperar el antiguo privilegio de observar las estrellas desde el centro de la gran ciudad.

Meto ruido, luego existo

El silencio está en peligro de extinción. Apenas quedan rincones en nuestro entorno donde uno se pueda refugiar del ruido de fondo, de esa forma de agresión ambiental, constante y para nada sutil, que es la contaminación acústica.

Los expertos asocian la exposición al ruido a un sinfín de afecciones del organismo que, de moderadas a severas, hacen de ésta una de las principales causas de pérdida de calidad de vida en nuestros pueblos y ciudades. Sin embargo, somos pocos los que nos rebelamos ante la dictadura del ruido. Una patología social que no pasa, no cede. Es más, que avanza con renovadas fuerzas para convertirnos en seres más insanos viviendo en entornos más polucionados. Porque lo primero que deberíamos entender es que el ruido es también contaminación, como lo es el humo negro y el vertido tóxico.

Y aunque es cierto que buena parte del ruido urbano procede del tráfico, de las obras o de los locales de ocio que incumplen los horarios, también hay que reconocer que el ruido doméstico ocupa un lugar privilegiado en el ranking de los focos de emisión.

Según señalan algunos expertos la respuesta está en que existe un sector creciente de la sociedad instalado en la creencia de que cuanto más ruido hacemos más somos. Se trataría de una nueva forma de adicción al decibelio cuyo lema sería *«Meto ruido, luego existo»*, una variante de la famosa acepción latina de Descartes que sirve para definir una tendencia adictiva, que triunfa especialmente entre los adolescentes, para los que el ruido es una forma de relacionarse, como si hallasen en el estrépito una de sus señas de identidad.

Tal vez por ello se den casos en los que nada más acceder a su primera moto y antes de estrenarla, el chaval (o lo que es peor, incluso el papá del chaval) le pega un martillazo al silenciador para que el tubo de escape resulte más eficiente a la hora de meter ruido y marcar territorio allí por donde pasa. «Ahí llega Charly con su moto», comenta entonces el grupo de chavales; el problema es que el bueno de Charly y su flamante moto han despertado a todo el vecindario, han dejado un rastro de contaminación por humos no controlados a su paso, y tal vez lo que es peor: pueden haber causado más de una lesión de oído de moderada a severa, y no es en absoluto una exageración.

Como ya hemos leído, la Organización Mundial de la Salud (OMS) considera que a partir de los 65 decibelios, el oído empieza a sufrir daño. El propio Gobierno español advertía en una campaña de sensibilización ciudadana de los graves peligros que suponen para la salud traspasar el umbral de los 80 dB.

Pues bien, resulta que la moto trucada de Charly supera los 120 dB, lo cual es una auténtica barbaridad. Y lo peor de todo es que muy probablemente el piloto no sea consciente del grave perjuicio ambiental que está causando y del riesgo que supone para él y para los demás tal agresión. Por eso está considerada como delito.

Los tribunales condenaron en 2006 a cuatro años de prisión al responsable de un bar de Barcelona por los ruidos y el perjuicio causado a los vecinos y el entorno. Un caso similar al que en 2004 obligó al Estado español a indemnizar a una mujer de Valencia que había denunciado la pasividad administrativa ante el ruido que generaban los locales nocturnos cercanos a su casa.

Más recientemente el Tribunal Supremo daba la razón en noviembre de 2008 a los vecinos de un barrio de la localidad madrileña de Algete, afectados por el ruido que causan los aviones al aterrizar en el aeropuerto de Barajas y ordenaba a AENA que adoptara las medidas necesarias para que cesara la «causa de la lesión» al considerar vulnerado el derecho a la intimidad domiciliaria de los vecinos. El ruido del aeropuerto de Barajas que padecían los denunciantes, que durante mucho tiempo superó los 78 decibelios coincidiendo con el paso de los aviones, tenía para el alto tribunal la suficiente entidad como para generar molestias importantes, más allá de los «límites aceptables», por lo que además de reducir los decibelios de manera inmediata obligó a AENA (dependiente del Ministerio de Fomento) a indemnizar con 6.000 euros a cada uno de los vecinos por los perjuicios sufridos.

Pero ¿es ésa la única manera de intentar atajar el ruido, la aplicación de la ley y las consecuentes penas de prisión o el pago de sanciones? Probablemente no. Somos muchos los que creemos que, junto a la persecución legal de los infractores (inevitable en la mayoría de los casos) es preciso pacificar el tránsito, responsable del 90 % del ruido en el interior de las ciudades, adaptar las obras públicas a la propia normativa, como se ha hecho con las emisiones contaminantes o la seguridad laboral y sobre todo revalorizar el silencio. Hay que educar a la sociedad y especialmente a los chicos en edad escolar en el respeto a ese patrimonio común que se encuentra actualmente en serio peligro de extinción.

Una buena manera de seducir a los más jóvenes en el respeto al silencio sería por ejemplo llevárselos de vez en cuando al bosque. Ayudarles a interpretar el silencio sonoro que reina allí dentro, a valorarlo y explicarles que el silencio ayuda a conseguir muchas cosas, a escuchar a los otros, a escucharnos a nosotros mismos y demostrarles en charlas educativas la necesidad de prevenir el ruido ambiental para evitar que la sordera avance en nuestra sociedad.

Por cierto, si sufre usted un acoso por contaminación acústica o le gustaría reducir su huella sonora, debe saber que existe un sitio en Internet donde todos los afectados por la contaminación que genera el ruido ambiental y aquellos que quieren prevenirlo pueden dirigirse. Se trata del interesantísimo portal *www.ruidos.org*. Allí podrán encontrar todo tipo de información relacionada con esta grave y desatendida forma de contaminación ambiental: desde asesoría jurídica para hacer frente a las agresiones por el ruido, hasta consejos de prevención para avanzar hacia una sociedad más silenciosa, saludable y solidaria con el descanso de todos.

Ambientes sanos con luz solar

Las condiciones de habitabilidad del hogar o el lugar de trabajo vienen determinadas en buena medida por el grado de iluminación solar que penetra en su interior. La relevancia de este aspecto se recoge en las ofertas del hoy maltrecho mercado inmobiliario: «soleado», «mucha luz», «exterior». Y es que diversos estudios científicos han confirmado la importancia que puede tener para la salud el contacto con la luz solar, aun de forma indirecta.

Según los expertos en habitabilidad, pasar mucho tiempo en lugares constantemente iluminados con luz artificial puede generar a largo plazo agotamiento, situaciones de estrés y cuadros depresivos. Y es que, como el medio nocturno, nuestro organismo también se ve agredido por el exceso de contaminación lumínica interior.

Casi una cuarta parte de la energía que consumimos en el hogar se destina a la iluminación de los diferentes espacios que lo forman, y antes de recurrir a otros métodos para reducir dicho consumo (instalación de lámparas de alto rendimiento, fluorescentes, temporizadores, etc.) y evitar la contaminación lumínica derivada del derroche, podemos hacer un estudio razonado del reparto de dichos espacios y determinar el uso que vamos a dar a cada uno de ellos.

A menudo destinamos el espacio más grande y mejor iluminado de la casa al salón, un lugar de reunión y de celebración que permanece sin embargo fuera de uso durante la semana laboral. En contraste, la tendencia al teletrabajo y a instalar la oficina en casa ha obligado a un número creciente de ciudadanos a habilitar un espacio reducido y a menudo mal iluminado donde transcurre buena parte de su jornada diaria.

El empleo de paneles separadores (los tradicionales biombos) puede propiciar el aprovechamiento de una parte del salón y poder compartir el espacio mejor iluminado de la casa, de manera que las horas de trabajo transcurran en pleno contacto con la luz del día. Con ello no sólo se logra una mejora de la calidad de vida sino que se reduce de forma considerable el consumo de energía eléctrica y se evita la electropolución que supone atravesar de cables y colmar de aparatos eléctricos y electrónicos un espacio reducido.

Pero incluso si el salón es pequeño y no podemos instalar nuestro puesto de trabajo en él, hay soluciones ingeniosas que pueden ayudarnos a llevar la luz natural hasta los espacios más interiores de nuestra vivienda y, de paso, ahorrarnos un buen pellizco de la factura de la luz.

Así, en algunos casos es posible «conducir» la luz solar hasta el interior de la vivienda mediante la instalación de pantallas reflectoras. Se trata de los paneles utilizados en fotografía para iluminar los objetivos de forma indirecta pero con luz natural. La situación estratégica y en cadena de estos instrumentos puede propiciar que los rayos solares entren en un subterráneo o un cuarto interior.

Otro aspecto importante a tener en cuenta para un aprovechamiento de la luz solar es la decoración de los diferentes ambientes y espacios en el hogar. Antes que atender a cuestiones de diseño, la elección del mobiliario adecuado y una correcta iluminación puede influir de manera determinante en la atmósfera de nuestra vivienda y en el espíritu de quienes lo habitan.

Aprender a combinar los elementos y trabajar con el color y la luz natural puede ayudarnos a recrear ambientes mucho más confortables y hasta más saludables en cada una de las diferentes estancias. No en vano el color es uno de los elementos fundamentales a la hora de crear hogar.

Las dimensiones de un cuarto, su profundidad, la sensación de volumen y la luminosidad pueden variar en función del color que empleemos para decorarlo. Así, una misma vivienda decorada con unos colores u otros puede crear ambientes recargados y tensos o transmitir sensaciones de sosiego y equilibrio.

Como norma general debemos tener presente que los colores intensos, con independencia del tono, tienden a achicar los espacios y limitar el campo de visión. Si además son oscuros pueden crear ambientes inhabitables. Como excepción, si tenemos que tornar acogedor un espacio grande (habilitar un garaje o un almacén como habitación o sala de estar), podemos recurrir a estos tonos para dominar el vacío y recortar las distancias combinando gamas y texturas.

En caso contrario, si lo que tenemos que dar es amplitud a un cuarto de reducidas dimensiones, utilizaremos colores claros y uniformes, de tonos suaves y luminosos. Los techos deben ser siempre claros. Un techo oscuro reduce ostensiblemente la sensación de altura y recarga el ambiente transmitiendo opresión. Las filigranas de algunos cuartos pueden destacarse ribeteando los bordes con tonos pastel, de ese modo pondremos un punto de distensión en el ambiente.

Así pues, a la hora de dar confort a nuestro hogar, y antes de atender a cualquier otro sentido estético, debe prevalecer el sentido de la armonía, la habitabilidad y la búsqueda de la eficiencia en el uso de la energía, lo que dicho sea de paso nos ayudará a ahorrar dinero. Y en ese sentido, hacer un buen uso del color, buscando los tonos más claros, así como aprovechar al máximo la luz solar, en detrimento de la contaminación lumínica que generan los excesos eléctricos, puede resultar muy oportuno tanto desde el punto de vista ambiental como del saludable. No se trata de iluminar menos sino de hacerlo mejor, y a ser posible de manera natural, algo que en tiempos de crisis resulta doblemente interesante.

Naturaleza

Fauna exótica, no gracias

El niño hace ya varios meses que no quiere saber nada de su tortuguita, aquella que pedía con tanta insistencia como mascota y que hace menos de un año le compraron sus padres en la tienda de animales exóticos. El destino del reptil empezaba a ser incierto, hasta que a papá se le ocurrió la brillante idea de llevarlo a un embalse próximo para «devolverle la libertad». Una libertad que nunca conoció, pues en el caso de la tortuga de Florida se trata de animales criados en granjas dedicadas al comercio de mascotas.

La solución parece ideal. Sin embargo, va a generar un involuntario impacto ecológico de graves consecuencias para la naturaleza, pues la historia se repite a diario con la suelta irresponsable de serpientes, arañas, iguanas, cotorras y hasta cocodrilos. Una larga lista de especies ajenas a nuestros ecosistemas, a las que los científicos llaman alóctonas y que constituyen una de las peores amenazas para la conservación de la biodiversidad.

Según explican los expertos, los animales exóticos que rechazamos como mascota y liberamos en nuestro entorno están causando un grave daño a las especies autóctonas, ya que acaban por imponerse en el territorio desplazando a los animales que allí vivían. Ése es el caso con el que iniciábamos este capítulo, el de la puesta en libertad de las famosas tortugas de Florida, un pequeño galápago que tienen muchos niños en casa en un miniacuario de plástico con una palmera, pero que al cabo de un tiempo puede llegar a doblar su tamaño, al que nos vemos obligados a cambiarle el agua cada día, pues apesta, y que incluso puede llegar a convertirse en un animal agresivo o generar un riesgo para la salud, pues está comprobado que las tortugas de Florida son transmisoras de la salmonelosis. Es posible que este capítulo del libro le esté sorprendiendo (con la que está cayendo –pensará–, ahora hablamos de tortuguitas) pero créame, se trata de un problema muy serio en España, donde se venden cada año cerca de 100.000 tortuguitas y no digamos en Francia, donde se venden más de un millón.

Pero el caso de este galápago exótico es sólo una muestra del grave problema que ocasionan las especies exóticas que están colonizando nuestros ecosistemas y cuyo número no para de crecer. Otro buen ejemplo es el del mejillón cebra. Este molusco de agua dulce originario del mar Caspio fue detectado por primera vez en España en 2002, en el curso bajo del río Ebro, en el embalse de Riba-Roja, provincia de Tarragona.

Los expertos que analizan cómo se produjo su llegada apuntan como hipótesis más probable que lo hiciera en forma de larva, enganchada a la suela de las botas de los pescadores alemanes que acuden en masa a Riba-Roja a pescar el siluro: otra especie exótica introducida allí para solaz de los teutones, que tienen en la captura de este pez de medidas descomunales su principal afición. Algún pescador que había estado antes lanzando la caña en el Caspio se trajo al bicho enganchado en las suelas de las botas, y así empezó todo.

Hoy en día el mejillón cebra, con una de las tasas reproductivas más elevadas entre los seres vivos, está protagonizando una verdadera explosión demográfica, contándose por miles de millones en el Ebro, avanzando hacia su cabecera, saltando de una comunidad autónoma a otra y extendiéndose por el resto de las cuencas españolas, que sin duda colonizará en los próximos años.

Este molusco se ha convertido en la plaga exótica más peligrosa para nuestros ríos. Según informan los biólogos expertos que colaboran con Ecologistas en Acción, el mejillón cebra arruina el nivel de nutrientes del río con la disminución del fitoplancton disuelto, entrando en competencia con otros bivalvos autóctonos como la náyade, una especie en peligro de extinción que podría desaparecer en breve.

Pero el cebra no sólo afecta a la vida acuática, también ocasiona graves daños en los equipamientos hidráulicos (canales de riego, presas, turbinas, depuradoras, acequias, etc.), llegando incluso a afectar a las instalaciones de la central nuclear de Vandellós, donde el mejillón forma grandes concentraciones que taponan las conducciones de agua y puede provocar graves accidentes.

Otro caso espectacular de bioinvasión es el que viene provocando desde hace algunos años más el cangrejo rojo americano. Las poblaciones de nuestro cangrejo verde se han visto diezmadas por la enfermedad que produce un hongo que transmiten los cangrejos rojos americanos que, procedentes del delta del Mississipi, se hallan presentes en casi todas las cuencas españolas. Los daños al ecosistema ocasionados por el cangrejo americano son muchos y muy importantes. Físicamente superior al autóctono (casi lo dobla en talla) y muy resistente, la del cangrejo rojo es una de las peores plagas de animales exóticos.

El del visón americano, introducido en España para el comercio de pieles y cuyos ejemplares acabaron siendo liberados en masa de las granjas tras su cierre, es otro caso grave, ya que ha provocado una grave crisis en las poblaciones de visón europeo, mucho menor. La lucha por salvar a la especie autóctona cuenta con la ayuda de un programa de recuperación de la UE.

En cuanto a las plantas, existe un largo número de especies invasoras, como la chumbera, la uña de gato o la pluma pampera que están colonizando grandes territorios de nuestra naturaleza, adentrándose incluso en espacios naturales protegidos. En el mismo sentido, la famosa alga asesina, una especie alóctona (lo contrario que autóctona) y altamente tóxica para los ecosistemas marinos, está esquilmando las praderas subacuáticas de nuestra posidonia, una fanerógama propia de los fondos marinos del Mediterráneo que acoge una alta biodiversidad marina y resulta esencial para el equilibrio ecológico del litoral.

Mosquitos tropicales (como el mosquito tigre), mariposas africanas, cotorras de Kramer, picos de coral, moscas negras, hormigas argentinas, flores asiáticas... la lista es muy larga y no hace sino crecer año tras año. Algunos cálculos sitúan en más de un centenar el número de especies invasoras que se asientan cada año en nuestros ecosistemas. Y el cambio climático podría multiplicar esa cifra hasta situarla por encima del millar en un futuro próximo.

Por todo ello, antes de adquirir un animal exótico como mascota debemos informarnos acerca de la atención especial que requiere y reflexionar sobre los dilemas que nos pueda causar su cuidado en el futuro. Y en el supuesto caso de tener que renunciar a su compañía, deberemos acudir a los centros de acogida de animales y nunca, jamás, abandonarlo o supuestamente «liberarlo» en la naturaleza. De ese modo no estamos liberando nada. Muy al contrario, estamos condenando a desaparecer a buena parte de nuestra biodiversidad autóctona.

Cómo recolectar setas sin dañar el bosque

A menudo el desarrollo de aficiones relacionadas con el descubrimiento de la naturaleza y su disfrute pueden tener consecuencias negativas para el entorno debido a algunos hábitos que, tomados tradicionalmente como buenos, generan no obstante un impacto ambiental que puede resultar muy negativo sobre el ecosistema. Éste es el caso de las malas prácticas en la recolección de setas, una afición saludable y que favorece el pleno contacto con el entorno, cuya práctica requiere sin embargo la observación de algunas normas básicas.

Los hongos son un complejo organismo a caballo entre el reino animal y el vegetal que cumple una tarea fundamental en el delicado ecosistema forestal: la reconversión de la materia orgánica muerta en nutrientes. No son pues, tal y como muchos aficionados suelen creer, un detrito vegetal. Por ello, la principal tarea que debe desempeñar el buscador de setas es proteger y conservar el hongo mientras desarrolla su afición. Una afición, ésta de recoger setas, que en toda España moviliza cada otoño y primavera a millones de ciudadanos hacia los bosques en todas las comunidades.

El objetivo que impulsa a los buscadores de setas a echarse al campo cada fin de semana es en origen saludable y muy recomendable: mantener contacto directo con la naturaleza y disfrutar de una jornada de campo en busca de uno de los frutos silvestres más apetecidos. Sin embargo, el desarrollo de algunos hábitos poco responsables y perjudiciales para el equilibrio ecológico del bosque puede acabar por convertir esta sana afición en un serio problema ambiental.

Escarbar el suelo del bosque y levantar los troncos caídos, arrancar el matorral o dañar a los árboles son ataques directos a los hongos, ya que propician el deterioro de su hábitat, por lo que al obrar de tal modo se está actuando contra la propia afición.

Especialmente grave es la costumbre de levantar la hojarasca, pues debajo de la alfombra que crean las acículas de los pinos o las hojas de roble está el laboratorio del bosque: una estructura extremadamente frágil. Tan sólo los primeros veinte centímetros de tierra (alrededor de un palmo de profundidad debajo de las hojas) llevan más de dos mil años funcionando como un lento y sofisticado laboratorio químico, un laboratorio que está en constante funcionamiento, procesando sustancias de desecho orgánico para transformarlas en nutrientes y formar así uno de los suelos más fecundos y con mayor capacidad de biogénesis de la naturaleza: el suelo forestal.

De él se deriva todo lo que vemos por encima conformando el paisaje: plantas, árboles, insectos, mamíferos y aves. Cualquier alteración del suelo representa una alteración de todo el ecosistema, de manera que si arrastramos ese manto, si dejamos el suelo del bosque desnudo de hojas, estamos dañando irreparablemente el ecosistema del hongo, por lo que, además de imposibilitar el desarrollo de nuestra afición, estamos actuando contra la naturaleza, algo que en la mayoría de las ocasiones ocurre sin que tan siquiera seamos conscientes de ello.

Otro organismo que debemos respetar es el musgo. Esta planta resulta esencial para la existencia de las setas, ya que protege la superficie del suelo contra los rigores climáticos y retiene la humedad en su interior formando grandes y mullidas alfombras de aspecto esponjoso. Ello se debe a que las hojas del musgo están compuestas por unas células a las que los científicos llaman hialinas y que funcionan como las celulosas de los pañales de los niños: absorben la humedad exterior para ganar volumen interior, transformándose así en auténticos depósitos de agua dulce, unos aljibes naturales que satisfacen indirectamente las necesidades del resto de seres vivos. Por eso los verdaderos aficionados a las setas saben que donde hay musgo hay hongos y guardan mucho respeto hacia él.

Navaja, cesto y bastón

El buscador de setas suele acudir al bosque con ganas de disfrutar del entorno y no sólo con la mera recolección. Para preservar el ecosistema forestal nunca hay que hacer uso del rastrillo ni hurgar con el bastón debajo de la hojarasca, pero también podemos dañar al hongo si arrancamos de manera inconveniente la seta. Según los expertos, una vez localizada e identificada correctamente, debemos proceder a cortarla por la base con una navaja y acto seguido la limpiaremos allí mismo; de esa manera favoreceremos la dispersión de las esporas que se hallan bajo el sombrero: función básica de la seta. Asimismo, es recomendable transportarlas en un cesto de mimbre, que permite la resiembra de las esporas, y eludir las bolsas de plástico que pueden acelerar la fermentación de las setas. Sólo debemos recolectar aquellas que conocemos y salir acompañados de quien conozca el lugar. No está de más echarse un silbato al bolsillo.

Cuidado con los souvenirs

El examen del equipaje por parte de las autoridades aduaneras es un proceso rutinario y necesario que obedece tanto a medidas de seguridad como al control del contrabando. Una inspección que a menudo depara desagradables sorpresas para el viajero.

Aduana de Barajas: «Disculpe, caballero, dónde adquirió este producto». «Es una pulsera, se la compré a un vendedor ambulante en la playa.» «Debe usted acompañarme por favor.»

Cada verano se suceden escenas similares en los principales aeropuertos españoles y de la Unión Europea. En este caso el viajero ha sido detenido por un hecho inconsciente: la pulsera que luce en la muñeca está elaborada con la piel de una especie animal protegida y amparada por el Convenio Internacional sobre Tráfico de Especies Salvajes (CITES), uno de los tratados internacionales de lucha contra el contrabando más importantes y sometidos a mayor control aduanero.

Por desgracia, para nuestro protagonista la mercancía le será confiscada y lo más probable es que el confiado y desinformado turista tenga que hacer frente a una multa entre importante y muy severa que, en el peor de los casos, puede incluso acarrearle una pena de prisión. ¿Le parece exagerado?

En muchos lugares de África, Asia y Sudamérica la naturaleza es la fuente directa de materia prima para la confección de los famosos souvenirs. Especies en peligro de extinción como la tortuga carey, el ébano, el rinoceronte o el yacaré, entre muchísimas otras, son capturadas mediante la caza furtiva o la tala ilegal para ofrecer al turista un objeto típico, una figura tallada o un colgante con el que decorar su apartamento o convertirlo en amuleto personal.

El Convenio CITES surgió hace más de treinta años para proteger a los animales y plantas en peligro de extinción regulando el comercio internacional de un determinado número de especies sometidas a control. Actualmente, alrededor de 5.000 especies de animales y 28.000 especies de plantas están amparadas por el convenio.

El Estado español suscribió el convenio CITES en 1986 y desde entonces la importación, exportación, reexportación o introducción en cualquiera de los pasos fronterizos de nuestro país de ejemplares amparados por el citado convenio, ya sean seres vivos o sus restos, deberá estar autorizada por un sistema de concesión de licencias. Si no disponemos de dicha licencia intentar cruzar la aduana con un vegetal (semilla, tubérculo o fruto) o animal vivo, o incluso con sus restos (pieles, colmillos, conchas) en forma de prenda o souvenir (cinturones, pulseras, bolsos, zapatos y otros) se considera como un intento de contrabando.

Uno de los casos más dramáticos relacionados con la confección de souvenirs en los países tropicales es el que atraviesan las tortugas marinas. El Fondo Mundial para la Naturaleza (WWF Adena) hacía público recientemente un informe sobre la difícil situación que atraviesan estos reptiles en el que se destacaba que seis de las siete especies de tortuga que pueblan los mares están amenazadas de extinción por culpa, entre otras causas, del comercio ilegal de caparazones, material que se utiliza mayoritariamente como materia prima para la confección de artículos de joyería y souvenirs por la pequeña industria local de los países del sureste asiático y el Caribe.

Esta práctica representa una importante fuente de ingresos para la población local, por lo que Cuba, Indonesia y República Dominicana vienen solicitando en las últimas reuniones del CITES que se permita de nuevo la captura y el comercio internacional de la tortuga carey y el resto de tortugas marinas, lo que supondría su desaparición.

En ese sentido, las entidades conservacionistas nos recuerdan que para detener este expolio constante de la naturaleza se hace imprescindible la colaboración ciudadana, la de todos nosotros, que al acudir a estos países como turistas debemos rechazar todo objeto ofrecido como recuerdo y elaborado con caparazón o piel de tortuga o de cualquier otro animal, así como las tallas en maderas tropicales o las joyas de coral.

En España, y para prevenir a los viajeros del riesgo que contraen al comprar souvenirs ilegales, contamos con la eficiente colaboración del Servicio de Protección de la Naturaleza (SEPRONA) de la Guardia Civil, uno de los organismos que mejor trabajan a favor de la naturaleza y que, en colaboración con la propia organización WWF/Adena y el organismo responsable de los aeropuertos españoles (AENA), desarrolla cada verano una campaña informativa que consiste en la colocación de paneles explicativos en las terminales aéreas en los que se advierte a los viajeros que regresar a España con cualquier resto de una especie protegida puede ser un acto constitutivo de delito, pudiendo ser castigado con una multa de hasta 12.000 euros que en ocasiones puede ir acompañada de una pena de prisión.

Lo que se pretende evitar

– La población de **elefante africano** ha pasado de 1,5 millones de ejemplares en 1975 a menos de cien mil en la actualidad como consecuencia del tráfico ilegal de marfil y otros productos comerciales.
– La **caoba** era una especie de árbol muy abundante en las selvas húmedas, hasta que se convirtió en una de las especies de madera tropical más valiosas del mundo siendo objeto de una tala intensiva e ilegal. En ocasiones se emplea todo un árbol maduro para elaborar una mesa de despacho, objeto de lujo que puede alcanzar un valor superior a los 100.000 dólares.
– Además de la desaparición de su hábitat, el comercio ilegal de pieles de **tigre de Bengala** para atender la creciente demanda de los países ricos (donde se utiliza como macabro tapiz o alfombra) o para elaborar productos «milagrosos» en la medicina china, es una de las causas que están motivando la desaparición de estos grandes felinos.
– La **tortuga carey** viene siendo perseguida desde antaño por la belleza de su caparazón. Estos bellos animales son capturados por millares en algunos países del Caribe o del sureste asiático para ser después disecados, esmaltados o troceados y ofrecidos a los turistas en forma de recuerdo o amuleto personal.

Que no te den plástico por corcho

De un tiempo a esta parte algo inquietante está pasando con nuestros vinos, y no me refiero al alza de precios (lo bueno siempre es caro y los vinos españoles son los mejores del mundo), sino a la irrupción masiva de los tapones de plástico. Este tipo de material está bien visto en parte del sector vinícola porque impide la transmisión al caldo de una molécula aromática conocida con el nombre de TCA, causante del indeseable «gusto a corcho» que contagia a algunos caldos. Se calcula que alrededor de un 5 % de las botellas selladas con tapones naturales puede padecer esta anomalía.

Sin embargo, fuentes del sector corchero indican que la proporción es mucho menor y que en todo caso los tapones sintéticos, elaborados a partir de polietileno, pueden transmitir sustancias mucho más perjudiciales para el vino y nuestra salud. La polémica pues está servida. Pero más allá del debate sobre los usos y costumbres de esta importante industria, existen otros argumentos a favor del tapón de corcho que a menudo no se tienen en cuenta por los bodegueros. Me refiero a la relación milenaria entre el corcho y el vino que, como una especie de simbiosis natural, ha favorecido el mantenimiento y la explotación sostenible del bosque mediterráneo.

El alcornoque *(Quercus suber)* es un árbol emparentado con la encina, el roble, la coscoja o el quejigo. De porte mucho más humilde y silueta desgarbada, sus pies dan forma a una de las arboledas más representativas del ecosistema peninsular: el alcornocal, esencia pura del bosque mediterráneo y hogar de especies tan amenazadas como el lince ibérico, el águila imperial o el buitre negro.

El aprovechamiento del corcho, la corteza que recubre el tronco del alcornoque y lo protege de las más rigurosas inclemencias, incluido el fuego, viene dando origen desde antiguo a una de las industrias más fructíferas de nuestra silvicultura. Y una de sus aplicaciones más populares y antiguas es la elaboración de tapones de vino.

Así, damos el mismo nombre (descorchar) a la extracción del material en el bosque que al acto de abrir una botella que nos disponemos a degustar. Hay algo de mágico en la ceremonia del descorche, un momento de incertidumbre se apodera hasta que no damos a probar el caldo y recibimos la aprobación de nuestro invitado o lo comprobamos nosotros mismos. Una antigua tradición que, sin embargo, se ve ahora amenazada por la irrupción en el sector envasador de los tapones sintéticos de plástico.

De prosperar la tendencia al uso de estos materiales ajenos a la naturaleza mediterránea y la cultura del vino, se vería amenazada la industria del corcho y, con ello, el futuro del alcornocal, dependiente en buena medida de la comercialización de este producto. Así pues, estamos hablando de algo mucho más importante que una moda o una tendencia industrial.

Por todo ello, y ante esta realidad de mercado que parece ir al alza, algunas organizaciones de defensa de la naturaleza como WWF/Adena han hecho un llamamiento a los consumidores para que reivindiquen el uso del tapón de corcho en el envasado de los vinos y rechacen las marcas que han decidido pasarse al plástico, informándonos a todos los que apreciamos el buen vino (a mí me gusta mucho beber, por eso no me gusta beber mucho) que este material renovable es mucho, muchísimo más ecológico y saludable que cualquier otro derivado del plástico, que además generan un importante derroche de energía y el vertido de residuos contaminantes.

En cambio, y en opinión de los expertos, el mantenimiento de la industria del corcho supone uno de los métodos de explotación forestal más respetuosos con el entorno. Una industria que marca una tendencia a la alza, ya que en la actualidad se elaboran cada año cerca de veinte mil millones de tapones de corcho para abastecer al floreciente mercado vinícola internacional, sin olvidar que más de 100.000 personas dependen de la industria del corcho en países como España, Portugal, Argelia, Marruecos, Italia, Francia y Túnez.

Por último, cabe reseñar que contrariamente a lo que mucha gente piensa, el descorche del alcornoque no ocasiona ningún daño al árbol, ya que en ningún momento es cortado, fumigado, ni podado. Muy al contrario, a lo largo de toda su vida, mientras permite una explotación económica sostenible, el alcornocal sigue formando el ecosistema con mayor biodiversidad autóctona de nuestro entorno: el bosque mediterráneo.

Por todo ello, a la hora de escoger un buen vino piensa también en la naturaleza y elige bien: elígelo con tapón de corcho.

El amigo abandonado

Cada año son abandonados en España alrededor de 100.000 perros y 20.000 gatos. Un dato escalofriante, sobre todo si tenemos en cuenta que la gran mayoría de estos animales (más de un 90 % según algunos informes de expertos) acaban muriendo por desnutrición, atropello y otras causas derivadas del abandono, entre las que figura la pena. Sí, sí: pena. Una inmensa pena que, tras el desconcierto y la desesperación inicial, lleva al perro abandonado a caer en una profunda depresión, vagando por las calles y las cunetas de las carreteras o perdidos por el monte, con la mirada baja y enfermos de melancolía hasta dejar de existir.

Personalmente no se me ocurre ninguna forma de maltrato más cruel y despiadada. ¿Qué es lo que lleva a un ser humano a deshumanizarse de tal modo al actuar así con aquel que le ha dado todo a cambio de nada? ¿Cuáles son las causas que motivan el abandono de perros y gatos por parte de sus amos?

Pues según el estudio anual del abandono que elabora la Fundación Affinity, entidad privada sin ánimo de lucro dedicada a promover el importante papel de los animales de compañía en la sociedad, la mayoría de las personas que abandonan a su animal de compañía lo hacen por la «pérdida de interés en el animal». Eso es lo que declaran mayoritariamente aquellos que son identificados y denunciados tras abandonar a su perro. Terrible. Como estará comprobando el lector, en este capítulo del libro el tema abordado trasciende el ámbito de la naturaleza o el medio ambiente para convertirse en un verdadero estudio sociológico, una muestra que nos debería alertar de la acentuada y preocupante pérdida de valores que sufren algunas de las personas con las que convivimos.

¿Cómo evitarlo? La primera medida que debemos tomar es la de no regalar nunca un animal sin antes haber consensuado previamente con TODA la familia que será bien recibido y correctamente atendido, pues en caso contrario seremos en buena medida responsables de su posible abandono. Y si somos nosotros mismos los que, tras el imprescindible consenso familiar, decidimos llevar un animal a casa, optaremos por buscar a nuestro fiel amigo un centro de acogida. Allí encontraremos a los seres más necesitados de compañía y también a los más agradecidos.

En todo caso, y una vez aclarada la necesidad de avanzar hacia una actitud más responsable con los animales de compañía, hay que destacar que según los médicos disfrutar de un perro o un gato como mascota es una buena terapia para superar situaciones de estrés, depresión, soledad de espíritu, ansiedad o timidez.

Algunos estudios clínicos aseguran incluso que la compañía de los animales es un complemento ideal en la prevención de accidentes cardiovasculares. En el caso de la psiquiatría, actualmente se desarrollan diferentes tratamientos para niños autistas utilizando animales de compañía como vehículo de comunicación. Y es que la compañía de gatos y perros es muy beneficiosa para el desarrollo del carácter de los niños educándolos en valores como la responsabilidad, el respeto mutuo, la solidaridad o la tolerancia, entre muchos otros.

Otro aspecto a tener en cuenta es el gasto que va a comportar su mantenimiento ya que el desembolso que supone adquirir un animal de compañía no acaba con la compra. Así, alimentar a un gato puede superar los 100 euros anuales. Sin olvidar que los gastos de veterinario exigen un presupuesto abierto a imprevistos. Algunos informes han calculado el gasto medio anual de un perro en visitas veterinarias en 800 euros, 500 en el caso de un gato. Todo ello sin contar gastos extras como los de peluquería, complementos y alojamiento especial en el caso de que salgamos de viaje y no podamos llevarnos a nuestro animal.

En cualquier caso, y una vez consensuada la idea con el resto de la familia y habilitado el correspondiente presupuesto para su correcta manutención y cuidado, tendremos que establecer una serie de pasos a seguir con el nuevo miembro de la familia:

- Lo primero que deberemos hacer es identificar a nuestro perro con un microchip (en la mayoría de las comunidades autónomas es obligatorio), así como inscribirlo en el registro de animales de compañía de nuestro ayuntamiento.
- Resultará imprescindible mantenerlo vacunado, desparasitado y atender todas las recomendaciones del veterinario, al que deberemos acudir periódicamente.
- Los collares antiparasitarios son recomendables, pero debemos escoger aquellos elaborados a base de piretrinas (insecticidas naturales) y no los que contengan sustancias químicas tóxicas (por más baratos que sean).
- Hay que lavar regularmente a los animales, peinarlos e inspeccionar su estado general de salud. Alguien debería ser responsable de ello, o mejor aún: debería establecer un turno de escrupulosa observancia entre todos los miembros de la familia (este paso puede servir como test previo a su adquisición).
- Hay que recoger los excrementos que los perros depositan en la calle. No sólo por una cuestión elemental de civismo, sino también porque son portadores de enfermedades que otras mascotas pueden contraer y llevar a su casa.
- Los animales deben tener sus propios platos y bebederos, que nunca serán usados por los seres humanos. Asimismo, las mujeres embarazadas deben ser muy cuidadosas con los animales de compañía, pues la toxoplasmosis, que portan sobre todo los gatos, puede dañar al feto e incluso provocar un aborto. En este sentido los gatos no deben ser acogidos en casas donde alguien sufra alergias asmáticas u otro tipo de afecciones específicas.

Todos contra el fuego

Todos los que hemos luchado alguna vez contra las llamas en el monte sabemos que el fuego no tiene quien lo apague. Que el incendio forestal se acostumbra a apagar solo y cuando así lo decide. Cuando, saciado su voraz apetito, se le acaban los negros y los grises con los que nos enluta el paisaje. Por eso es necesario dejarlo muy claro: la única manguera eficiente contra el fuego en el monte, la única herramienta eficaz para apagar los incendios forestales es la **prevención**.

Hay que perseverar en el mensaje: si amamos la naturaleza no debemos cejar en el empeño de ser previsores: no hay que encender fuego en el monte nunca, sea cual sea el propósito. El resultado de la negligencia es medioambientalmente tan elevado que no debemos asumir ningún tipo de riesgo.

Aunque controlemos la situación (o mejor dicho, creamos que la controlamos) y llevemos muchos años haciendo barbacoas sin levantar tan sólo un palmo de humo, aunque parezca que nadie se va a enterar, aunque hoy no se mueva una hoja por el viento y estemos en medio de un claro de bosque: por favor, sustituyamos la barbacoa o la paella por una buena carne empanada y una tortilla de patatas. Ya sabemos que no es lo mismo, pero resulta que si hemos decidido salir este fin de semana a hacer un *picnic* en el campo con la familia y los amigos es porque nos gusta la naturaleza. Si hemos elegido ese rincón en especial es porque se agradece la sombra de los árboles y el canto de los pájaros.

Y todo eso, todo lo que tanto estimamos y tanto orgullo sentimos al mostrar es lo que vamos a poner en riesgo a la que rasquemos una cerilla o prendamos el mechero. Si echamos un vistazo a las causas y los causantes de los incendios forestales que cada año se declaran en España veremos que el fuego en el monte acostumbra a tener nombre y apellidos.

El 80 % de los incendios que arrasan el monte se concentran en los meses de verano y el 90 % de ellos se deben a una acción imprudente. Y es que el 63 % de los incendios estivales tienen su hora de inicio entre las 12 del mediodía y las 5 de la tarde, coincidiendo con la máxima afluencia de visitantes al bosque.

Por todo ello, antes de acudir al bosque en verano debemos ser conscientes de que:

- Cualquier resto de cristal abandonado puede actuar como un encendedor cuando los rayos del sol inciden en él: no abandones ningún residuo en el bosque.
- Buena parte de los incendios comienzan en el margen de las carreteras y autopistas. Lanzar una colilla o una cerilla desde un vehículo supone encender la mecha del matorral reseco.
- El uso de las barbacoas es muy arriesgado: el viento puede llevar una chispa de las brasas hasta un matorral reseco para dar origen a un fuego que en pocos minutos se convertirá en incendio.
- Ante cualquier alerta de humo en el monte, y junto a la toma de medidas individuales para ponernos a salvo, es necesario llamar urgentemente al teléfono de lucha contra el fuego: el 112.

En los últimos quince años los incendios forestales han arrasado alrededor de dos millones de hectáreas de bosque y monte bajo. Si tenemos en cuenta que una hectárea es lo que ocupa más o menos un campo de fútbol de primera división quizá seamos capaces de visualizar mejor la cicatriz que el fuego ha dejado en nuestra piel de toro: 2.000.000 de veces el Camp Nou, el Bernabeu, el Vicente Calderón, el Sanchez Pijuan, Riazor o Mestalla (por poner sólo algunos ejemplos; que nadie se enfade, por favor). A todo ello hay que sumar que los daños ocasionados por los incendios forestales durante este periodo de tiempo superan los 10.000 millones de euros y lo que es peor, han causado más de un centenar de muertes, en su mayor parte personas de buen corazón que luchaban para extinguirlos.

Pero si la superficie quemada y los costes materiales y en

vidas humanas resultan estremecedores, si tenemos en cuenta que una sola hectárea forestal fija alrededor de 15 toneladas de CO_2 al año, concluiremos que además de dejarnos el paisaje lleno de cicatrices, los bolsillos vacíos y llevarse a los mejores, resulta que el fuego nos está restando buena parte de nuestra capacidad de acción en la lucha contra el cambio climático. Por eso es tan importante luchar contra los incendios forestales. Porque además de las terribles consecuencias que tiene para el territorio afectado, para la economía y para nuestra seguridad, ahora sabemos que el fuego en el monte puede echar por tierra todos los esfuerzos que venimos recogiendo en este libro para actuar a favor del medio ambiente y en contra del cambio climático. El fuego arrasa con todo y va contra todos, por eso debemos estar todos contra el fuego.

«Ovejas contra el fuego»

Aunque suene a chiste se trata de un enunciado perfectamente serio, y es que está demostrado que el empleo de los rebaños como controladores del sotobosque puede mitigar el riesgo de incendios en el monte.

En Andalucía, por ejemplo, la Consejeria de Medio Ambiente de la Junta está desarrollando un proyecto de prevención de incendios, incluido en el Plan Infoca de lucha contra el fuego, que consiste en promover el pastoreo de ovejas y cabras por los cortafuegos.

Las lluvias de primavera hacen que medre el matorral y si todo ese sotobosque no se retira antes de que empiece el estiaje el riesgo de incendio se multiplica. De ese modo los rebaños actúan como un cortacésped natural, pues una oveja puede comer unos 5 kilos de pasto al día, lo que equivale a una buena porción de maleza. Además, con sus deposiciones mejoran la productividad del suelo forestal y distribuyen las semillas por el monte favoreciendo la biodiversidad.

En Andalucía, por ejemplo, ya hay más de un centenar de pastores, alrededor de 40.000 cabezas de ganado y más de 5.000 hectáreas de terreno implicados en un proyecto de pastoreo supervisado por el Consejo Superior de Investigaciones Científicas (CSIC) para contribuir a la limpieza del bosque y la prevención de incendios forestales.

El excursionista responsable

Cuando llega el buen tiempo, las excursiones a pie o en bicicleta son una buena forma de disfrutar del aire libre y el contacto con la naturaleza, y en ese sentido los senderos de gran recorrido y las vías verdes pueden ser la mejor alternativa para adentrarnos en el paisaje de una manera cómoda y respetuosa con el medio ambiente.

Las vías verdes (www.viasverdes.com) suman ya más de 1.700 kilómetros de antiguas infraestructuras ferroviarias, hoy en desuso, que han sido reconvertidas en cómodos itinerarios de naturaleza por la Fundación de los Ferrocarriles Españoles. Un importante patrimonio del que pueden disfrutar actualmente cicloturistas, senderistas, excursionistas o paseantes en general, incluso en el caso de personas mayores o con movilidad reducida, pues se trata de itinerarios de escasa elevación, perfectamente adaptados y bien señalizados. Unas rutas que se pueden complementar con la excelente oferta de turismo rural que todas las comunidades españolas ofrecen a los viajeros.

Pero en cualquier caso, tanto si hacemos uso de esta excelente alternativa de acceso a la naturaleza como si practicamos un excursionismo más aventurado, conviene tener presente una serie de medidas de prevención y vigilancia destinadas a evitar alteraciones involuntarias de los ecosistemas y en beneficio de nuestra propia seguridad. De lo que se trataría es de actuar en el campo como lo hacemos en nuestro propio hogar, entendiendo que todo cuanto nos rodea ahí fuera merece el mismo respeto que la más valiosa de nuestras propiedades. Ejercer como guardabosques, de eso se trata: ser conscientes de que el paisaje que nos acoge es patrimonio de todos y que es nuestro deber conservarlo.

Así, conviene tener presente en todo momento que está rigurosamente prohibido encender fuego en el monte, salvo en aquellas áreas señalizadas y acondicionadas para ello (leer el capítulo *Todos contra el fuego*). De igual modo, la acampada libre no está permitida en ninguna comunidad autónoma española; en su lugar los cámpings autorizados en plena naturaleza, los refugios de montaña y las casas de turismo rural son el destino ideal para aquellos que quieran alargar su estancia más allá de una jornada.

Salir de excursión con el ánimo de comer en el campo es una buena idea pero exige unas normas elementales de organización para evitar el abandono de residuos. Así, antes de repartir los alimentos en las bolsas y mochilas nos preocuparemos de coger una o varias bolsas de basura para que todos puedan depositar los residuos generados durante la salida. Si optamos por transportar alimentos frescos hay que recordar que la popular fiambrera es el envase más ecológico, mucho antes que los recipientes de un solo uso. Las latas, los botellines de plástico y los *minibriks* pueden ser sustituidos por la cantimplora, caída en desgracia desde que nos inundaron este tipo de envases. Y en todo momento hay que tener presente que está prohibido, a riesgo de tener que hacer frente a importantes sanciones, abandonar la basura en el campo y que una simple botella de plástico, de vidrio o una lata permanecerán allí cientos de años como testimonio de nuestra desidia.

Y no olvidemos que la sensatez y el sentido común son las actitudes que deben regir el comportamiento del excursionista responsable. Algunos de los principales aspectos a tener en cuenta se recogen en el siguiente decálogo.

- Mantener una conducta discreta es el método ideal para disfrutar del entorno. No alteres la calma del campo con una actitud inadecuada. La mejor estrategia para disfrutar de la naturaleza es pasar inadvertido para ver sin ser visto.
- Siempre que puedas, colabora activamente con la conservación de la naturaleza. Recuperar un espacio natural contaminado, organizar una limpieza de bosque o de playa o conducir un animal herido hasta un centro de recuperación serán tus mejores acciones como excursionista.

- Respeta los ríos, arroyos y torrentes, no alteres su cauce ni contamines sus aguas. Está prohibido lavar el coche en los márgenes del río o realizar cualquier tipo de vertido.
- Deja el lugar que visitas como lo has encontrado. Los troncos caídos, las plantas muertas, el manto de hojarasca; hasta las piedras del suelo guardan un orden natural en el ecosistema. Si lo modificas estarás afectándolo.
- Evita cualquier daño directo a la naturaleza en el desarrollo de la excursión. No acoses a la fauna salvaje y no recolectes plantas de forma intensiva. Respeta a los invertebrados y aprovecha las hojas o los frutos caídos en lugar de arrancarlos de la planta.
- Si tienes la suerte de descubrir un nido ocupado, una madriguera o cualquier otra presencia de cría animal considérate un privilegiado y guarda el secreto: no lo des a conocer a todo el mundo.
- Antes de acceder a un espacio natural protegido acude a la oficina de atención al visitante y solicita información sobre los itinerarios permitidos: evitarás perjuicios a la naturaleza y posibles sanciones.
- Cuando salgas al campo, respeta los cultivos y las propiedades rurales. Una conversación amable con los campesinos del lugar te permitirá acceder a la mejor fuente de datos sobre la naturaleza que vas a visitar.
- Actúa con decisión cuando observes una agresión al medio ambiente y no dudes en denunciarla a las autoridades. Persevera en la vigilancia del fuego en el monte y ante un incendio comunica la situación llamando al 112 de manera inmediata.
- Y recuerda: el bienestar de los animales, las plantas silvestres y la preservación de la belleza del paisaje y la calidad de los ecosistemas deben estar por encima de cualquier afición que quieras desarrollar (escalada, motorismo, recolección, etc.).

Movilidad

No sin mi coche

Tenemos que cambiar nuestra manera de desplazarnos. Lo de ir en coche a todas partes, incluso por el interior de la ciudad, ya no se sostiene. Seguir instalados en esta sinrazón de atascos, víctimas y humos nos conduce a la bancarrota: económica, ecológica y hasta moral.

De un tiempo a esta parte somos cada vez más los ciudadanos que participamos de manera activa y solidaria en la mejora del medio ambiente. Y todo ello a pesar de la crisis económica... ¿O tal vez por ello? Estamos sustituyendo las bombillas incandescentes por lámparas de bajo consumo. Pagamos un poco más por la lavadora para ganar en eficiencia y hemos revisado los sistemas de aclimatación para gastar menos en calefacción y en aire acondicionado. Hasta nos hemos comprado una regleta con interruptor para enchufar y apagar a la vez desde allí la tele, el DVD, el TDT y el equipo de música, evitando así el derroche que supone irnos a dormir y dejarlos en *standby* desde el mando a distancia. Pero el coche no, por favor, el coche no me lo toques, lo necesito para ir al trabajo o a buscar los niños a la escuela. Y si ha de ser así de grande, es por seguridad, ¿sabes? De acuerdo en todo lo demás, pero el coche ni se te ocurra.

Así, siguen siendo mayoría los que optan por mover alrededor de dos toneladas de peso para transportar entre cincuenta y noventa kilos para ir al centro. Y a menudo a una velocidad inferior a la que alcanzarían andando. En este mundo de alta competitividad, resulta difícil de entender que todavía estemos apostando por una manera de movernos que es el colmo de la ineficacia. ¿Confortabilidad? ¿Seguridad? ¿Servicio? No nos engañemos más.

Los números del coche en la ciudad hace tiempo que son claramente negativos y no soportan ni una sola comparativa con cualquier otra alternativa de desplazamiento. Es cierto que el automóvil ha sido uno de los protagonistas más destacados de nuestro desarrollo económico y hasta cultural durante el último siglo y que le debemos buena parte de lo obtenido. Pero las cuentas de su uso urbano, el balance entre el debe y el haber de moverse sobre cuatro ruedas privadas ha superado ya todo razonamiento práctico.

Insisto, hay mucha gente que está decidida a hacer algo por el medio ambiente y a aportar su granito de arena en la lucha contra el cambio climático y aparcar el coche es una gran contribución.

Cada día entran y salen del centro de las grandes áreas metropolitanas centenares de miles de vehículos (más de un millón en el caso de Madrid y Barcelona). Una procesión de coches atascados que emiten alrededor de doscientos gramos de CO_2 por cada kilómetro que recorren (los modelos viejos mucho más; los nuevos algo menos). Según los estudios de movilidad urbana, el 80 % de esos coches transportan tan sólo al conductor. Repito: dos kilos de tecnología para desplazar menos de un centenar de materia orgánica. El colmo de la ineficiencia.

Es probable que se trate de un ciudadano concienciado: que separa las basuras en casa, utiliza cisternas de doble descarga y prefiere ponerse esa chaquetilla fina que tanto nos gusta antes de subir el termostato de la calefacción. Todo eso está muy bien y a ello dedicamos el resto de capítulos de este libro, pero hay que saber que comparado con lo que podemos conseguir renunciando al coche, es poco. Porque al colgar las llaves y adquirir un título de transporte para ir en bus, metro, tranvía o cercanías le estamos plantando cara al cambio climático de manera muy seria. Por cada coche aparcado el calentamiento global retrocede un paso.

Porque además de representar buena parte de nuestro consumo energético, el tránsito genera el 90 % de la contaminación en el interior de las grandes ciudades. Porque el propio Protocolo de Kioto señala con el dedo al uso del vehículo como uno de los principales responsables del aumento de las emisiones de CO_2 que están provocando el cambio climático.

Porque a nivel del Estado español es el sector que incrementa más sus emisiones de CO_2 y el Ministerio de Medio Ambiente lo acusa de ser la principal causa del deterioro de la calidad del aire, de los elevados niveles de contaminación acústica, del aumento de las emisiones de gases de efecto invernadero y de la incesante ocupación del espacio público que está convirtiendo al viandante en un refugiado del tránsito urbano, cada vez más agresivo, más desafiante, más temible.

Y luego está la opción de la bici bien usada, es decir, la del ciclista urbano cívico, que respeta al viandante y atiende a los semáforos desplazándose por la calzada o el carril bici de manera responsable.

Según un reciente informe de la UE sobre movilidad en el interior de las ciudades, la velocidad media de un automóvil en el interior de una capital europea no supera los 10 km/h, por lo que la mayoría de los trayectos se cubren más rápido en bici (y no pocos incluso a pie). En ese sentido, algunos ejemplos en las grandes ciudades de España resultan incontestables. Un coche que cubra la distancia entre el centro de la ciudad y cualquier barrio de la periferia un viernes por la tarde puede tardar entre 30 y 45 minutos, mientras que un ciclista no profesional, desplazándose a velocidad de paseo por un carril bici que cubriera el mismo trayecto tardaría entre 10 o 15 minutos, no más. No parking. No gasolina. No emisiones. No estrés. Más dinero en el bolsillo. La cosa parece de cajón, ¿no? Sin embargo, siguen siendo más los que dicen que ni a pie ni en bici, que no sin mi coche. Le invito a que explore las posibilidades que tiene a su alcance para replantearse esa máxima y que en todo caso haga la prueba: por economía, aunque no sea ecologista.

Conducción ecológica

Mientras las ofertas de transporte público se ponen a la altura de las circunstancias y se convierten en auténtica alternativa al uso del vehículo privado, mientras avanzamos hacia esa otra movilidad más sostenible, se hace necesario que los automovilistas colaboremos con la causa y razonemos el uso del coche practicando una conducción más eficiente y segura, adquiriendo una serie de hábitos que recortarían el coste ambiental del coche.

Y para conseguirlo, son muchos los expertos que señalan la necesidad de que la administración se plantee obligar a que las normas de conducción eficiente tengan carácter prioritario en las autoescuelas y se incorporen como obligatorias en el código de circulación. Así, y de la misma manera que cuando queremos acceder al permiso de conducción se nos obliga a memorizar el código de tránsito y a respetar escrupulosamente sus normas, al igual que aprendemos el significado de las señales y su cometido, nadie debería obtener el carné de conducir sin aprenderse de memoria y poner en práctica a la hora de sentarse al volante todos los métodos que permiten circular consumiendo menos carburante y sin soltar tanto humo.

En ese sentido, y consciente de la importancia que tiene el modo de conducir a la hora de atajar las emisiones de los vehículos privados, la Comisión Europea ha impulsado recientemente un manual de conducción ecológica denominado *eco-driving* para que, además de presionar a los fabricantes para que los coches sean cada vez más respetuosos con el medio ambiente, seamos los propios conductores quienes aportemos nuestro esfuerzo practicando una conducción más sostenible y segura.

Lo que propone el manual de *eco-driving* es alcanzar mayores niveles de ahorro y eficiencia en el uso del automóvil aumentando a su vez los de seguridad vial. Está demostrado que dos conductores que realicen el mismo trayecto y lleguen a otro al mismo tiempo, con el mismo vehículo e igual carga, pueden mostrar una diferencia de consumo de hasta el 30 % del carburante en función de cómo hayan conducido.

Los acelerones y frenazos bruscos pueden incrementar el consumo de combustible en un 40 %. La forma más eficiente de conducir es estirando las marchas y manteniendo el motor a bajas revoluciones, puesto que de ese modo el vehículo aprovecha su propia inercia para avanzar con un menor esfuerzo energético.

En los motores de gasolina es aconsejable cambiar de marcha cuando se han alcanzado las 2.000 o 2.500 rpm, mientras que en los diésel lo haremos entre las 1.500 y 2.000 rpm. En cualquier caso el coche es el que te dice cuándo puedes cambiar. También es importante circular con una presión adecuada de las ruedas y evitar alterar la línea aerodinámica del coche (bacas y *tunning*).

Respecto a la velocidad, tan sólo con bajar de los 120 a los 100 km/h propiciamos un ahorro del 25 % en el consumo de la gasolina, logrando a su vez optimizar el funcionamiento del motor, pues está demostrado que los esfuerzos mecánicos del automóvil para alcanzar una velocidad superior a los 100 km/h superan la eficacia energética del motor y aceleran el desgaste de las piezas.

Asimismo, adoptar la velocidad adecuada permite reducir el nivel de emisiones contaminantes a la atmósfera, algo sumamente importante si tenemos en cuenta que el 40 % de las emisiones de CO_2 están asociadas al tránsito de vehículos.

Respecto a la adquisición del vehículo es aconsejable interesarse por los modelos híbridos, cada vez más competitivos, y en todo caso prestar una mayor atención al nivel de emisiones de cada modelo, que figura en el catálogo de prestaciones, no en vano las normativas actuales establecen diferentes tramos a la hora de aplicar las tasas para penalizar la contaminación y premiar la eficiencia. De ese modo, la nueva escala en la fiscalidad del automóvil va del 17 % del valor del vehículo para los modelos más contaminantes hasta la exención para aquellos que emitan menos de 120 gramos de CO_2 por kilómetro recorrido.

Así pues, optar por un vehículo de bajas emisiones y atender los consejos que propone el *eco-driving* no sólo obedece al compromiso medioambiental del conductor (cada vez más arraigado en la sociedad), sino que también tendría una justificación estrictamente económica, lo que en los actuales tiempos de crisis se convierte en una opción muy interesante para ahorrarnos un buen pellizco en carburante y taller.

Claves para practicar una conduccion más sostenible y segura

– Además de propiciar una conducción segura, atenuar la marcha del automóvil en carretera es una opción ecológica y económica.
– Disminuir la velocidad y ajustarla a los niveles de seguridad reduce tanto el número total de accidentes como la gravedad de los mismos.
– Tan sólo con pasar de los 120 a los 100 km/h propiciamos un ahorro del 25 % en el consumo de carburante, logrando a su vez optimizar el funcionamiento del motor.
– Los esfuerzos mecánicos del automóvil para alcanzar una velocidad superior a los 100 km/h superan la eficacia energética y aceleran el desgaste de las piezas.
– Adaptar la velocidad adecuada a las normas de circulación permite reducir el nivel de emisiones contaminantes a la atmósfera, algo sumamente importante si tenemos en cuenta que el 65 % del CO_2 (principal responsable del efecto invernadero) presente en las ciudades procede de los tubos de escape de los coches.

El falso mito de la moto

La moto no es un vehículo más ecológico que el coche. Al menos eso es lo que señalaba recientemente un informe la Agencia francesa del Medioambiente y del Control de la Energía (ADEME) en el que se comparaba el impacto ambiental de las motocicletas frente al generado por los automóviles.

Para este organismo, y a pesar de las mejoras introducidas con la entrada en vigor de las normativas comunitarias Euro 1 (en el año 2000) y Euro 2 (en 2004), la contaminación causada por las motocicletas es actualmente entre dos y tres veces superior a la que generan los coches.

Según el informe de ADEME, con más de tres millones de unidades matriculadas en toda la Unión Europea, las motos representan sólo el 8 % del parque total de vehículos particulares, pero emiten el 10 % del monóxido de carbono y el 13 % de los hidrocarburos quemados por el sector del transporte.

La respuesta a esta falta de adecuación del sector de las dos ruedas a los requerimientos ambientales está en la tardía entrada en vigor de las normativas al respecto. Así, mientras las ya citadas Euro 1 y 2 datan de hace tan sólo seis y dos años respectivamente, el capítulo de medidas legales para reducir las emisiones de los automóviles se inició hace más de dos décadas y desde entonces no ha hecho sino avanzar hacia unas normas más restrictivas.

En la actualidad, los fabricantes de automóviles están obligados a incorporar en los catálogos comerciales los datos referentes al volumen de emisiones de los diferentes modelos, algo que en un mercado cada vez más educado en temas de respeto al medio ambiente se está convirtiendo en un argumento de venta cada vez más valorado; sin embargo, no ocurre lo mismo con las motos.

No obstante, cabe señalar que en los últimos años las emisiones contaminantes de las motocicletas y ciclomotores se han reducido notablemente y los modelos actuales obedecen a normas similares a las que atienden los fabricantes de automóviles. Así, una motocicleta actual contamina hasta diez veces menos que una de hace tan sólo cinco años. Algo que superan hasta alcanzar el ideal (emisiones cero) las versiones equipadas con motores eléctricos, cada vez más abundantes en nuestras calles y que se convierten en una alternativa muy a tener en cuenta en estos tiempos de crisis económica.

Las motos eléctricas están diseñadas bajo criterios de máxima ligereza en el transporte y nulo nivel de contaminación acústica y atmosférica. Para ello, los fabricantes de estos modelos aprovechan la estructura de la bicicleta tradicional incorporando un pequeño chasis que les confiere el aspecto de un ciclomotor tradicional o de un moderno *scooter* dependiendo de las marcas.

Y en lugar del tradicional motor de gasolina, se alimentan de una batería de níquel que le aporta una potencia suficiente para superar los 25 km/h, velocidad más que suficiente para desplazarse ágilmente por la ciudad. Además, la batería es portátil, se extrae fácilmente del chasis cuando dejamos la moto en la calle y se cuelga al hombro para llevarla cómodamente en bandolera hasta el punto de recarga.

La moto eléctrica es también una opción económica de transporte. Se calcula que con una carga de cuarenta céntimos de euro se pueden cubrir hasta cincuenta kilómetros de recorrido; esto supone un coste cinco veces inferior al de una moto de gasolina para cubrir la misma distancia. Respecto a la autonomía, existen modelos que permiten recorridos de hasta 100 kilómetros sin recargar.

En cuanto a su perfil ambiental, las emisiones de gases contaminantes y de efecto invernadero son cero. Hay que tener en cuenta que por cada litro de gasolina que quemamos con la moto tradicional emitimos 2,4 kilos de CO_2. Asimismo, cero es también su nivel de contaminación acústica, pues la moto eléctrica es totalmente silenciosa.

Por último, respecto a la movilidad urbana, la principal ventaja que aportan las motos eléctricas es su versatilidad, ya que, al contrario que las motos impulsadas por un motor de gasolina, están consideradas como bici y en consecuencia pueden circular por los carriles bici reservados en las calles y avenidas y cuyo trazado va en aumento. Eso sí, en ningún caso pueden circular por las aceras. Además, resultan notablemente más baratas que cualquiera de los modelos a gasolina y los costes de mantenimiento son menores.

El tren es la mejor opción

El tren representa mucho más que un medio de transporte. En todo el mundo existe un buen número de plataformas, asociaciones y clubes de amigos que fomentan y defienden sus valores ecológicos y culturales. Desde el punto de vista ecológico se trata del medio de transporte óptimo. El impacto ambiental del trazado ferroviario es mucho menor que el de cualquier carretera o autovía y genera menos contaminación; además, el consumo energético de un tren no puede compararse al que generan los viajeros en sus automóviles o en autocares de línea. Y desde el punto de vista cultural, sólo hay que echar una ojeada a la cosecha de grandes obras cinematrogáficas y literarias vinculadas al tren para entender el respeto que le profesa el mundo del cine y de las letras.

Pero hay muchas más razones de peso para dejar el coche en el garaje y viajar en tren.

Contra la odisea de las caravanas, el asfalto recalentado y el riesgo de accidentes, el ferrocarril nos permite sentirnos de vacaciones desde el primer instante: llegar a la estación, recorrer los vagones y sentarnos en compañía de nuestros seres queridos o de un buen libro disfrutando del paisaje a través de esas pantallas gigantes que son sus ventanillas. Pero también existen datos técnicos que avalan su papel protagonista en la necesaria y perentoria transición hacia un modelo de transporte más limpio, sostenible y seguro.

Así, el informe «Beneficios ecológicos y sociales del ferrocarril», elaborado por el Instituto del Transporte de la Universidad de Karlsruhe (Alemania) y la empresa consultora Infras de Zúrich (Suiza) establecía hace algún tiempo que en todo el territorio de la Unión Europea los automóviles generan el

93,2 % del los costes del transporte, mientras que el tren sólo produce el 1,6 % del gasto. En consecuencia, parece claro que invertir en el desarrollo de este medio de transporte a nivel comunitario constituye una opción inteligente en tiempos de crisis.

Atendiendo al ámbito de la sostenibilidad cabe reseñar que un kilómetro de doble vía de ferrocarril aporta una solución de transporte igual a la de 16 carriles de autopista en el mismo tramo, y que un tren de mercancías de 450 metros transporta una carga equivalente a la de 20 camiones de gran tonelaje. En España, sin embargo, mientras el tren consume el 5 % de la energía destinada al transporte, la carretera se lleva el 79 %. Por último, el informe hace referencia a la seguridad en el transporte recordando que de cada 1.000 millones de pasajeros/km que se desplazan por carretera, 13 mueren en accidente, mientras que en la misma proporción el ferrocarril sólo provoca 0,5 muertes. La relación es de 26 a 1.

Ecología, economía, seguridad. Son muchas las razones que justifican que dediquemos un capítulo de este libro a promocionar el uso del tren como alternativa de transporte al vehículo privado. Pero como decíamos al inicio, los «amigos del tren» no basan sus argumentos tan sólo en razones medioambientales para invitarnos a subir al ferrocarril. Cuando hablan del tren se refieren a la caravana de vagones, algunos todavía con asientos de madera, que permiten –como decía Machado– *ver los arbolillos pasar*; a otra forma de viajar, en la que el propio desplazamiento constituye uno de los principales atractivos. Al valor cultural y hasta emocional que tienen los apeaderos y estaciones en los que las despedidas y los encuentros tienen otro encanto. Y hasta a los retrasos. Esos retrasos que (siempre que sean moderados) te permiten dejar de pelearnos con el tiempo y dedicar un rato a repasar la agenda del móvil para encontrar la oportunidad de charlar con esos amigos o familiares a los que hace tanto que no saludamos. O mejor aún, a dedicarnos un tiempo a nosotros mismos para reorganizar nuestros propósitos. ¿Cuánto hace que no se suben al tren? Pruébenlo: no les defraudará.

A modo de glosario

Qué quería decir cuando he dicho...

AGENDA 21. Documento de trabajo en el que se reúnen un conjunto de propuestas para conseguir un desarrollo más sostenible de las sociedades urbanas. Esta iniciativa nació en la Cumbre de La Tierra celebrada en 1992 en Río de Janeiro. Los estados participantes en dicha conferencia firmaron entonces un documento en el que resaltaban la necesidad de que los gobiernos, especialmente los municipales, incorporasen a sus agendas de trabajo una serie de pautas comunes para aplicar en los diferentes ámbitos de la acción gubernamental (gestión de la energía, agua, transporte, urbanismo, residuos, y otras) que permitiese afrontar con garantías la problemática medioambiental y hacer frente al cambio climático.

ACLIMATACIÓN. Compensación o adaptación fisiológica a las condiciones climáticas que nos rodean. Nuestro organismo posee recursos propios para desarrollar procesos naturales de aclimatación ante las variables del clima. La tendencia natural de nuestro cuerpo a la aclimatación puede verse impedida por la exposición a un clima en exceso artificial, como el generado por el abuso de la calefacción y el aire acondicionado, que puede provocar afecciones de la salud de moderadas a severas.

AGUAS RESIDUALES. Aguas contaminadas procedentes de viviendas, instalaciones comerciales o industriales, sanitarias, comunitarias o públicas y que son conducidas por diferentes sistemas de canalización hasta las plantas de saneamiento donde se procede a su correcto tratamiento. El vertido incontrolado de aguas residuales puede causar graves daños en el entorno y constituye un delito ecológico.

ALIMENTOS HIDROGENADOS. Los alimentos hidrogenados no están manipulados genéticamente. Tan sólo contienen ácidos grasos del tipo «trans» que, eso sí, no son en absoluto saludables. Un ejemplo de alimento hidrogenado son las margarinas. En su elaboración se emplean aceites vegetales que se hidrogenan, o sea, se saturan, para hacerlos sólidos. Durante este proceso se pierden ácidos grasos esenciales y se forman los del tipo trans. Éstos no se encuentran en la naturaleza y en cantidades superiores disminuyen el colesterol bueno (HDL) y aumentan el colesterol malo (LDL), lo que favorece, por ejemplo, la arteriosclerosis. Los dietistas aconsejan que su consumo sea mínimo para niños y mujeres embarazadas.

ASBESTO. Fibra de origen mineral, comúnmente llamada AMIANTO, con propiedades ignífugas y aislantes, empleada en la construcción y en la fabricación de electrodomésticos. Su fabricación y uso se halla actualmente prohibido en toda la UE debido a los graves riesgos que tiene para la salud la inhalación de sus partículas. La manipulación de este material sólo puede ser realizada por expertos y está sometida a un riguroso protocolo de seguridad para evitar la contaminación ambiental.

ASILVESTRADO. Animal que se logra adaptar a la vida salvaje tras desarrollarse en el entorno humano. Algunos perros y gatos domésticos que son abandonados en el monte se asilvestran, siendo entonces llamados cimarrones. Estas adaptaciones no responden a procesos naturales y acaban por ocasionar graves alteraciones en el medio. El abandono de animales en el entorno es un acto irresponsable e ilegal, sometido a importantes sanciones.

BIOCARBURANTES. Los biocarburantes son los combustibles ecológicos obtenidos a partir de la valorización energética de la biomasa de algunos cultivos. Los principales son el bioetanol y el biodiésel. El primero se produce mediante la fermentación de semillas y granos ricos en azúcares o almidón como, por ejemplo, los cereales. El biodiésel, por su parte, se obtiene a partir del cultivo de plantas oleaginosas, como la colza y el girasol, aunque también se pueden utilizar para su elaboración los aceites de fritura reciclados, tras ser sometidos a un proceso de refinado.

BIOCIDA. Sustancia química empleada para destruir organismos vivos cuya presencia no es deseada por el hombre. Empleados en la elaboración de plaguicidas e insecticidas, estas sustancias se han convertido en uno de los residuos más peligrosos de la agricultura moderna. Algunos biocidas, como el DDT (diclorodifenil-tricloroetano) tienen carácter persistente y llegan a comportarse como auténtico veneno en la naturaleza, integrándose en la red trófica y llegando al ser humano por multitud de vías.

BIODIVERSIDAD. También conocido como VARIEDAD BIOLÓGICA, este complejo concepto alude a la gran variedad de seres vivos, de especies de flora y fauna, que pueblan los diferentes ecosistemas del planeta. La pérdida de especies reduce la biodiversidad y supone una seria amenaza para el equilibrio ecológico de la Tierra, pues cada ser vivo ocupa un espacio en el ecosistema y desarrolla una tarea específica para la comunidad. Albert Einstein afirmó, por ejemplo, que la humanidad no sobreviviría más de cinco años si desaparecieran las abejas. Según los científicos el planeta sufre actualmente una pérdida de biodiversidad alarmante, con la extinción de cientos de especies cada año.

CALENTAMIENTO GLOBAL. Derivado del aumento del efecto invernadero, el calentamiento del planeta amenaza con provocar un importante deterioro ecológico del planeta. Desde inicios de siglo la temperatura media de la Tierra ha aumentado medio grado (la elevación en 1,3 grados haría desaparecer la mayoría de los glaciares), el nivel del mar está subiendo y el cambio climático asociado provoca grandes inundaciones y procesos de desertización en amplias zonas del planeta.

CAMBIO CLIMÁTICO. Alteración en el sistema climático de la Tierra debido en los últimos años a la emisión a la atmósfera de gases con efecto de invernadero como consecuencia de la actividad humana, sobre todo en los países desarrollados. Según el panel de expertos de las Naciones Unidas (IPCC), el cambio climático que padece actualmente el planeta obedece a causas antrópicas, es decir, tiene como origen el aumento de emisiones de CO_2 y otros gases invernadero derivados de la actividad humana.

CFC'S clorofluorocarbonos. Estos gases son el principal agente destructor de la capa de ozono que nos protege de la radiación ultravioleta. Aunque en la actualidad su producción está prohibida y su consumo se ha reducido notablemente, en algunos países siguen siendo utilizados por la industria para la fabricación de neveras y climatizadores y también como propelente de los aerosoles (desodorantes, insecticidas, ambientadores, etc.).

CICLO HIDROLÓGICO. Se denomina ciclo hidrológico o ciclo del agua al proceso natural mediante el cual se mantiene el nivel de agua en el planeta. Los fenómenos de evaporación y precipitación, generados por medio de la energía solar, dan origen a un intercambio constante entre las masas de agua que existen en la superficie terrestre y las formadas en la atmósfera conformando el ciclo hidrológico.

CLIMA. Una de las definiciones más aceptadas para este complejo término es la que lo identifica como el conjunto de condiciones atmosféricas que se dan habitualmente en una región (fundamentalmente temperatura y precipitación) y que caracterizan su tiempo meteorológico, un concepto éste muy diferente al anterior: una cosa es el tiempo y otra el clima. En la actualidad el cambio climático hacia el que avanza el planeta está dando origen a fenómenos extraños (que no ajenos) al clima habitual en las distintas regiones del planeta, como las grandes inundaciones, el deshielo de los polos o las largas y rigurosas sequías. La actuación humana sobre el entorno y la emisión de gases contaminantes es en buena medida responsable de estas alteraciones.

COMBUSTIBLE FÓSIL. Se denomina así a la materia de origen natural constituida por restos fósiles de organismos vivos que, mezclada con el oxígeno y en determinadas condiciones de presión y temperatura, puede llegar a producir una reacción de la que se desprenda energía calórica. Durante la combustión de estas fuentes se libera el carbono almacenado en forma de CO_2, de ahí que se asocie su consumo con el aumento del efecto invernadero que está provocando el calentamiento global. Los combustibles fósiles más aprovechados son el carbón, el petróleo y el gas natural, aunque el perfil de emisiones de CO_2 de cada una de estas fuentes resulta muy diferente, siendo el del gas muy inferior al resto.

COMPOST. El aprovechamiento de los residuos orgánicos caseros puede dar lugar a uno de los abonos naturales más preciados en la jardinería y la agricultura biológicas: el compost. Mediante técnicas de compostaje los restos de los alimentos se convierten en un abono de fácil asimilación para las plantas, siendo uno de los mejores ejemplos de valorización de residuos.

DEFORESTACIÓN. La explotación irracional de los bosques, los incendios forestales, la extensión de monocultivos como la soja o la palma y la ganadería extensiva en regiones selváticas contribuyen decididamente a la deforestación de la Tierra, especialmente de las selvas tropicales, que hasta nuestros días habían permanecido como principales reductos para conservar la biodiversidad y regular el clima. En ese sentido la deforestación del Amazonas, la selva más grande del mundo, es una de las principales amenazas para el futuro del planeta.

DESASTRE ECOLÓGICO. Suceso de origen natural, accidental o provocado por el hombre que genera una alteración del entorno afectando al medio físico y la comunidad biológica que en él evoluciona. El paso de grandes huracanes, los tsunamis y terremotos, las mareas negras, los incendios forestales o los largos períodos de sequía tienen un alto coste ambiental además de humanitario. En muchos casos la alteración del medio es tan severa que provoca una profunda modificación de los paisajes y sus ecosistemas, impidiendo el desarrollo de las especies que los habitaban, incluido el ser humano.

DIÓXIDO DE AZUFRE. El dióxido de azufre (SO_2) es un gas tóxico que se genera en los procesos de combustión de las energías fósiles, especialmente del carbón. Pese a ello, cabe destacar que más de la mitad de las emisiones de dióxido de azufre que se generan en el planeta cada año (alrededor de 300 millones de toneladas) son de origen volcánico.

DIÓXIDO DE CARBONO. El dióxido de carbono (CO_2) aparece al oxidarse el carbono o cualquier compuesto que lo contenga en contacto con el aire, como sucede con la combustión de los hidrocarburos de los automóviles y las calefacciones industriales, la antracita y la hulla de las centrales térmicas, los incendios forestales y, en menor grado, el gas natural. El aumento de los niveles de CO_2 en la atmósfera terrestre durante el último siglo se debe en un 70 % a estos motivos, mientras que el 30 % restante se atribuye a la deforestación (la tala de árboles no genera CO_2, pero sí que limita la capacidad de la biosfera por reducirlo mediante su captación durante la fotosíntesis).

ECODESARROLLO. Crecimiento alternativo al meramente económico, industrial y material, que está basado en el respeto al medio ambiente y el uso razonado de los recursos naturales. Ante el agotamiento de las energías no renovables el ecodesarrollo propone un crecimiento en armonía con la naturaleza, estableciendo límites razonables al desarrollo humano y vinculándolo siempre al mantenimiento y protección de las condiciones que hacen posible la vida en el planeta.

ECOLOGÍA. Lejos de cualquier otra definición y al margen del uso perverso del término en la sociedad actual, la ecología es la ciencia que estudia la relación de los seres vivos entre sí y su relación con el medio natural en el que evolucionan. Actualmente también se acepta el uso del término para definir el conjunto de acciones destinadas a la defensa y protección de la naturaleza y el medio ambiente. Su utilización en política se aleja siempre de estos significados.

EFECTO INVERNADERO. El dióxido de carbono, el metano, los CFC y el ozono son algunos de los gases que contribuyen al recalentamiento global de la atmósfera. Atrapan los rayos ultravioletas y producen un aumento de la temperatura, al igual que en un invernadero. A ello contribuye la deforestación y el exceso en el consumo de combustibles fósiles. El recalentamiento de la Tierra hace subir los niveles del mar, derrite los polos y provoca graves cambios climáticos.

EFICIENCIA ENERGÉTICA. Uso razonado y responsable de la energía dirigido a favorecer el ahorro sin renunciar a ninguna de sus prestaciones. El uso eficiente de la energía es una de las mejores contribuciones que podemos realizar a favor del medio ambiente y en contra del cambio climático, pues buena parte de las emisiones de gases invernadero responsables del calentamiento global están asociadas al malgasto energético. No se trata de renunciar a su uso sino de optimizar el consumo.

ENERGÍAS LIMPIAS (también llamadas ALTERNATIVAS o RENOVABLES). Son aquellas que no generan ningún residuo contaminante, ni en su obtención, ni en los procesos previos o posteriores a su consumo. Su presencia en la naturaleza es inagotable, por lo que se constituyen como alternativa al consumo de las energías fósiles. Las energías limpias de uso más generalizado son la energía solar, eólica, maremotriz, la procedente de la biomasa y la geotérmica.

EUTROFIZACIÓN. Es el proceso que sufren las aguas estancadas con el enriquecimiento de nutrientes debido a la acumulación de restos orgánicos en descomposición. Ello da origen a una mala oxigenación del agua que adquiere una tonalidad verdosa por la proliferación de algas. Las altas temperaturas veraniegas aceleran este proceso en piscinas, balsas y pantanos.

FTALATOS. La palabra ftalato procede del griego nafta (petróleo) y sirve para designar unos compuestos derivados del ácido ftálico incorporados en la fabricación del polivinilo de cloruro (PVC). Su alta toxicidad (han sido acusados de provocar cáncer y esterilidad masculina) los hace especialmente peligrosos para la salud, tanto a ellos como a los plásticos que los incorporan.

FOSFATOS. Compuestos presentes en los fertilizantes químicos y en los polvos de lavar. Los fosfatos ablandan el agua y facilitan la acción de los detergentes, que eliminan la suciedad de manera más fácil. Pero al llegar a los ríos por los desagües domésticos producen una alta contaminación por eutrofización.

GASES INVERNADERO. Componentes gaseosos que absorben y reemiten la radiación infrarroja que llega a la atmósfera aumentando la temperatura interior. Están producidos tanto por procesos naturales como por la actividad humana. Los principales gases invernadero, regulados por el Protocolo de Kioto, son: dióxido de carbono (CO_2), metano (CH_4) y óxido de nitrógeno (N_2O), así como los hidrofluorocarbonos (HFCs), perfluorocarbonos (PFCs) y hexafluoruros de azufre (SF_6).

HIDROSFERA. El conjunto de masas de agua en los diferentes estados (sólido, líquido y gaseoso) que se dan en la superficie de la corteza terrestre reciben el nombre de hidrosfera. El 96 % la compone el agua de los océanos, mientras que las masas de hielo que forman los casquetes polares son la mayor reserva de agua dulce del planeta. Su transformación en líquido por el efecto invernadero podría suponer una catástrofe ecológica de grandes dimensiones.

HIPOCLORITO SÓDICO. Compuesto químico conocido comúnmente con el nombre de lejía y cuya molécula incorpora un átomo de oxígeno y otro de cloro. Empleado de manera general como limpiahogar por sus propiedades bactericidas, debería ser administrado sin embargo con suma precaución, debido a sus propiedades altamente oxidantes y a que puede tener efectos tóxicos para la salud. El uso de la lejía, tan común en muchos hogares españoles, está sometido a fuertes restricciones de consumo en algunos países de la UE. Los expertos en salud recomiendan su uso moderado y siempre bajo vigilancia.

IMBIBICIÓN. Fenómeno que experimentan algunos cuerpos o sustancias al entrar en contacto con los líquidos y absorberlos en lugar de diluirse en ellos, lo que provoca un aumento de su volumen. Éste es el caso de la celulosa que contienen los pañales y compresas desechables, razón por la cual resulta muy perjudicial para el entorno eliminarlos a través del inodoro.

IMPACTO AMBIENTAL. Aunque poco acertado, este término suele emplearse para nombrar las alteraciones negativas provocadas por la actividad humana en el medio ambiente. La masificación del litoral marítimo como consecuencia del turismo estival, con la consiguiente sobreexplotación de sus recursos y el deterioro del entorno, es un claro ejemplo de impacto ambiental en el ecosistema costero.

IPCC. Grupo intergubernamental de expertos sobre cambio climático auspiciado por Naciones Unidas y que reúne a científicos y expertos de todo el mundo. El IPCC trabaja para obtener información que nos permita una mejor comprensión del cambio climático que afecta al planeta, estableciendo diferentes modelos de escenarios de futuro respecto a sus efectos. Sus análisis son determinantes para establecer estrategias de adaptación y medidas correctoras.

LLUVIA ÁCIDA. Los humos y gases que salen por las chimeneas vierten a la atmósfera más de 150 millones de toneladas de dióxido de azufre al año en todo el mundo. Este elemento, en combinación con la humedad del aire, se transforma en ácido sulfúrico, que al caer sobre la vegetación, los edificios y las personas, produce importantes daños y enfermedades respiratorias.

LUCHA BIOLÓGICA. El uso de recursos naturales es a menudo el mejor método para aliviar un problema ambiental, además del más ecológico.

El ejemplo de lucha biológica más próximo lo tenemos en el gato; introducido en la antigüedad como animal de compañía para mantener alejados a los roedores.

MATERIA ORGÁNICA. Aplicado a las basuras, este concepto define a las sustancias compuestas por restos de seres vivos que en estado de descomposición o sometidos a un proceso de humificación se transformarán en nutrientes que bien aprovechados pueden dar origen a excelentes abonos para el suelo. Los restos de comida que van a parar a la basura del hogar y que son aprovechados en el compostaje son materia orgánica.

MEDIO AMBIENTE. Este joven, popular y controvertido término (rechazado por muchos expertos) resulta el más empleado y menos definido de cuantos se usan en ecología. En realidad el ambiente no es un medio, ya que sólo se puede definir en relación a algo: en ecología hace referencia al entorno vital. Pese a ello se ha dado en aceptar que el medio ambiente es el espacio común que rodea a todos los seres vivos.

MERCURIO. Metal pesado empleado habitualmente en los procesos de fabricación de la industria química y del plástico. Su presencia en el medio ambiente como residuo constituye una de las contaminaciones más graves. Puede incorporarse al organismo a través de los compuestos orgánicos de los que nos alimentamos provocando alteraciones que dañan gravemente el sistema nervioso.

MONÓXIDO DE CARBONO. Gas altamente tóxico que se elimina como residuo en los procesos de combustión de los motores o de los quemadores de gas. Una vez en el organismo, el monóxido de carbono impide el transporte de oxígeno en sangre. La presencia al 1 % en una atmósfera cerrada puede provocar el mareo y la muerte de quien la respire.

MOVILIDAD SOSTENIBLE. Aplicado al modo y la manera en que nos desplazamos, el concepto de movilidad sostenible hace referencia a la serie de alternativas al uso del vehículo privado que tenemos a nuestra disposición para avanzar hacia un modo de transporte más limpio, seguro y sostenible. Un sistema basado en el uso del transporte público, los itinerarios a pie en los desplazamientos cortos o la implantación de la bicicleta como medio de desplazamiento urbano, entre otras opciones.

ONG. Las Organizaciones No Gubernamentales (ONG) son asociaciones sin ánimo de lucro que desarrollan su labor en campos tan importantes como la ecología, los derechos humanos o la igualdad de género. Su independencia ante cualquier gobierno les permite enfrentarse a las posturas oficiales de los estados y ejercer una oposición social en defensa de los intereses comunes de la población. Algunas de ellas, como Greenpeace, Ecologistas en Acción o Amigos de la Tierra, concentran sus esfuerzos en combatir el deterioro ambiental y proponer un desarrollo más limpio, justo y sostenible de nuestra sociedad.

OXÍGENO. El oxígeno se halla presente en la atmósfera como producto secundario de la fotosíntesis de las plantas, siendo necesario para la vida en el planeta. Sin embargo, conviene tener presente que este gas debe permanecer estable en una proporción del 21 % del aire seco para cumplir sus tareas vitales. Por debajo del 17, nos asfixiaríamos, mientras que por encima del 25 se podría producir una combustión espontánea. La presión atmosférica facilita o empeora su asimilación (de ahí que los alpinistas del Everest acudan con máscaras de oxígeno).

OZONO. El ozono es una forma de oxígeno cuya molécula tiene tres átomos en lugar de dos. En la atmósfera, entre unos 15 y 50 km de altura, forma un escudo protector que evita la llegada de un exceso de radiación ultravioleta a la Tierra. Sin embargo, cuando ese mismo gas aparece en los niveles más bajos de la atmósfera puede provocar graves alteraciones en nuestro organismo, ya que su especial configuración hace que no se disuelva en el aire. Al ser absorbido provoca complicaciones respiratorias, irritaciones de las mucosas, dolores de cabeza y otras afecciones. También perjudica gravemente a las plantas. En Europa el ozono troposférico aumenta un 1 % cada año. Uno de los principales emisores es el motor de combustión de los automóviles: causa principal de la baja calidad del aire en las ciudades. Las altas concentraciones de ozono desaconsejan practicar actividades como el *footing* por las avenidas de las grandes urbes.

PLUTONIO. Elemento químico altamente radiactivo y muy peligroso para la salud ambiental que se obtiene bombardeando uranio con neutrones, aunque también existe en ínfimas cantidades en la naturaleza. El uso de las centrales nucleares provoca la acumulación de residuos radioactivos, con el consiguiente problema de almacenamiento, ya que la actividad radiactiva de estos residuos puede llegar a superar los veinte mil años.

PRECICLAR. Conjunto de actitudes en el consumo que conducen a evitar los residuos y su posterior reciclaje. Un ejemplo de preciclaje sería la compra de embutido al corte en lugar del servido en bandejas de polietileno expandido (espuma plástica). De ese modo evitamos el sobreesfuerzo que exige su recogida selectiva y el tratamiento de este conflictivo polímero.

PROTOCOLO DE KIOTO. Acuerdo internacional que regula la emisión de gases con efecto invernadero desarrollado en la Tercera Conferencia de las Partes (COP3) de la Convención Marco sobre el Cambio Climático (CMCC), celebrada en la ciudad de Kioto, Japón, el 11 de diciembre de 1997. Para que este acuerdo entrara en vigor era necesaria la ratificación de 55 estados que representaran el 55 % del total de las emisiones mundiales de dióxido de carbono en 1990. Con la ratificación de Rusia en octubre de 2004 el protocolo superó por fin esta condición, convirtiéndose en ley internacional pese a la destacada ausencia en su ratificación de Estados Unidos (principal emisor mundial, con un 25 % del total). A inicios de 2009 han ratificado esta normativa 156 países que representan el 61,6 % del total de emisiones. En diciembre será sustituido por el «protocolo de Copenhague».

RADICAL LIBRE. Molécula que incorpora un electrón fuera de control y que muestra una marcada tendencia a dañar las células y destruir su ADN. Existen teorías científicas que asocian la exposición a los radicales libres como principal causa del envejecimiento humano. Abundan en el entorno y en nuestro propio organismo debido a la contaminación atmosférica, el uso de plaguicidas en los alimentos, la ingesta de grasas o el humo del tabaco, por ejemplo. La mejor manera de reducir su presencia en nuestro interior es mantener una dieta sana y equilibrada rica en antioxidantes.

RECICLABLE. Término ambiguo que consta en las etiquetas de muchos productos y que debemos rechazar por engañoso. Cualquier objeto puede ser calificado como reciclable: un vasito de yogur se puede convertir en semillero, una botella en florero o una caja de cartón en un baúl de pequeños recuerdos. Lo interesante es saber si se trata de un producto reciclado, es decir, que se ha fabricado aprovechando el material recuperado de otro producto.

RECOGIDA SELECTIVA. Clasificación y ordenación de los residuos que conforman la basura en función de su origen. La recogida selectiva es el paso previo necesario para proceder al reciclado de materiales como el plástico, el vidrio, el papel o el aluminio. La recogida selectiva se inicia en el hogar destinando un cubo para cada tipo de basuras y prosigue al depositar los diferentes materiales en los contenedores correspondientes.

RECURSO RENOVABLE. Es aquel que puede ser aprovechado de nuevo tras una actuación adecuada y un tiempo de recuperación. Las explotaciones forestales son un ejemplo de recurso renovable. Tras la tala de los árboles debe seguir la replantación para que transcurrido el período de crecimiento necesario se pueda proceder de nuevo a su aprovechamiento.

REFORESTACIÓN. Repoblación mediante la plantación de árboles de un terreno forestal que ha sido esquilmado. La reforestación es la única vía de recuperación del paisaje para un espacio natural que ha perdido su masa forestal. Para ello se deben elegir escrupulosamente las especies, atendiendo a la vegetación autóctona y respetando los diferentes hábitats de cada ecosistema.

SMOG. Del inglés *smoke* (humo) y *fog* (niebla) se emplea para nombrar la contaminación provocada por la concentración de sustancias agresivas para la salud en los niveles bajos de la troposfera. Las situaciones de inversión térmica impiden la correcta aireación de los valles y la difusión de los humos dando lugar a su saturación en el aire. Este fenómeno es propio de ambientes concentrados en grandes urbes y zonas industriales (polígonos, fábricas, minas, vertederos, etc.) donde las finas gotas de condensación transportan altas concentraciones de ácidos. Allí la contaminación se deposita sobre todo en las hojas de las plantas afectando gravemente a la vida de las mismas. Los efectos del *smog* son mucho más graves y persistentes que los de la lluvia ácida.

TRANSGÉNICO. Un organismo modificado genéticamente (OMG), también llamado transgénico, es aquel que porta un material genético ajeno a su código original, es decir, unos genes externos que originariamente pertenecían a otra especie, no necesariamente emparentada con él, y que han sido incorporados a su estructura para alterar sus cualidades con el fin de mejorarlas. En el caso de los alimentos un gen de la araña se incorpora a un tomate para darle una textura sedosa y hacerlo más apetecible, un gen de la carpa se añade a la manzana para dotarla de una piel más dura y resistente o una semilla de soja se modifica artificialmente para resistir a un plaguicida que mata a sus parásitos. Éstos son sólo algunos ejemplos de los miles de OMD creados en los últimos años.

VELOCIDAD ÓPTIMA. Aplicado al uso del automóvil, este concepto no sólo se emplea para establecer los niveles de seguridad vial adecuados, sino que también hace referencia a la eficiencia energética y al correcto aprovechamiento de la mecánica de un vehículo, estableciendo los niveles adecuados para optimizar el consumo de combustible, alargar la vida del motor, reducir la emisión de gases contaminantes y mitigar el cambio climático.

Índice

Introducción 9
Prefacio 15

EFICIENCIA ENERGÉTICA

Apagar, bajar y reducir para aprovechar mejor la energía .. 21
Uso razonado de la calefacción 24
Refrigeración sana y responsable 27
Iluminación eficiente y duradera 30
Cómo ahorrar agua y energía con la lavadora 32
¿Lavavajillas? Por supuesto, pero que sea eficiente 35
La etiqueta energética: electrodomésticos más limpios y económicos 37
Apagar sin seguir gastando energía 39
Uso racional de la nevera 41
¿Vitrocerámica o fogones? 44
La ducha eficiente 46

AGUA

Gestionando la escasez 51
Grifos abiertos en un país seco 55
El ahorro en el hogar 58
Hacia una agricultura más eficiente 62
La opción de las desaladoras 66
Golf y sequía: un dilema sin resolver 70

RESIDUOS

Reciclar para ayudar al planeta 75
Más producto y menos envoltorio 78
La bolsa o la vida 82

Basura tecnológica 85
Montañas de neumáticos 87
Los medicamentos también deben ir aparte 90
Chatarra espacial: un problema muy serio 93
Reducir antes que reciclar 96
Recuperación de derribos caseros 99
Si ya no circula, no lo abandones 102

CONTAMINACIÓN ACÚSTICA Y LUMÍNICA

Una plaga que va en aumento 107
Luces perdidas: cielos sin estrellas 110
Meto ruido, luego existo 114
Ambientes sanos con luz solar 117

NATURALEZA

Fauna exótica, no gracias 123
Cómo recolectar setas sin dañar el bosque 127
Cuidado con los souvenirs 130
Que no te den plástico por corcho 133
El amigo abandonado 136
Todos contra el fuego 139
El excursionista responsable 142

MOVILIDAD

No sin mi coche 147
Conducción ecológica 150
El falso mito de la moto 153
El tren es la mejor opción 156

A MODO DE GLOSARIO

Qué quería decir cuando he dicho... 159